まえがき

フロッグフット，フランカー，フェロン

ロシアのスホーイ社は，世界有数の軍用航空機のメーカーとして知られている。本書では，スホーイ社の現行のさまざまなモデルについて，その全貌を明らかにする。スホーイ社は，今日，フランカー・ファミリーと新世代機Su-57フェロンの開発組織として，その名をよく知られている。フランカー・ファミリーの最初の機体は，1971年に開発が始まったスホーイT-10で，同型を発展させたSu-27原型機は，1982年に完成した。その後38年経って，スホーイ社は一連の多用途戦闘機，すなわちSu-30フランカーC，艦載能力を有するSu-33フランカーD，戦闘爆撃機Su-34フルバック，そして最も完成度の高いSu-35フランカーEの開発にあたってきた。

西側諸国は，最新のロシア製センサー，アクティブ電子走査アレイ・レーダー・システム，短距離/中距離/長距離の空対空ミサイル，空対地精密誘導ミサイルを装備しているスホーイ戦闘機の性能に対してある種の不安を抱いていた。経験を積んだロシア空軍のパイロットが，最新のSu-30SMフランカーHやSu-35フランカーEを操縦して，ユーロファイター・タイフーン，F-15イーグル，F-16ファイティング・ファルコン，F/Aスーパー・ホーネット，JAS39グリペンに勝利して実際の空中戦で，その高性能を実証した実績はないものの，その蓋然性《がいぜんせい》は極めて高いと見ている。イギリスでの共同訓練のため，インド空軍が保有するSu-30MKIをイギリスで展開した際に，イギリス空軍のタイフーンのパイロットは，「どのようにしてインド空軍機に対抗したか？」と尋ねられたが，彼らの寡黙な対応が事態を雄弁に物語っていた。筆者の意見は，イギリス空軍のタイフーンのパイロットは最善を尽くしたが，Su-30MKIの有する推力，機動力，搭載火器に対抗することは困難だったということである。

これは，イルクーツクとコムソモリスク・ナ・アムーレに研究所，設計部門，航空機製造工場を有するスホーイ設計局（OKB）が，冷戦期に誕生したSu-27原型機をどのように協力して改善してきたかを証明している。

2枚の垂直尾翼を有するSu-27の高性能の大部分は，のちの改良によって得られたもので，さらにはスホーイ社の優秀性を示していた。パーヴェル・スホーイの技術チームはソ連時代を通じて，Su-22フィッター，Su-25フロッグフット，そしてSu-24フェンサーを含む多数の戦闘爆撃機を開発してきた。

本書は，OKBによって開発，進化してきた航空機の状況，継承された技術などに焦点を置いて，Su-30とSu-35（この2機種は主に国際市場向け），ロシア空軍向けに開発されたSu-57について記述する。

傑出したステルス機能を有する米国のF-22ラプターとF-35ライトニングIIは別格として，それ以前の世代に属する西側戦闘機であっても，パーヴェル・スホーイ・チームが設計したスーパー戦闘機と万一対決することになったら、スホーイの戦闘機たちは彼らにとって、相当な脅威になることだろう。

原書編集者　マーク・アイトン

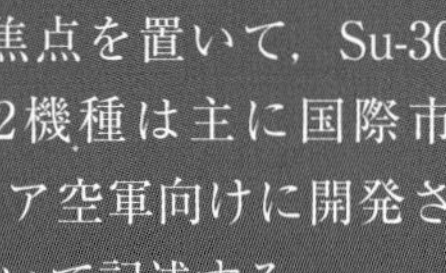

序章

ロシアの軍事航空産業

ロシアの軍事航空産業は一見複雑そうに見えるが，実際はそうではない。

©スホーイ

ロシアの軍事航空産業には，研究所，設計部門，航空機工場の異なる三つの組織がある。各組織は，それぞれ，研究，設計，生産，そして飛行テストを行っている。それらの組織の大部分は，より巨大な企業の傘下で運営されており，スホーイ戦闘機および攻撃機は，以下の企業に含まれている。

ユナイテッド・エアクラフト（UAC）

UACは，軍用機と民間機の設計，開発，テスト，試験，維持整備の専門会社として知られている。UACの傘下には，30の航空関連会社があり，スホーイだけではなく，多くのロシア製航空機にかかわるさまざまな権利を有している。フランカー戦闘機の製造を占有しているUACの傘下には，イルクーツクにあるイルクーツク科学生産会社とイルクーツク航空機工場（IAZ），そしてコムソモリスク・ナ・アムーレ航空機工場（KnAAZ）とノボシビルスク航空機工場（NAZ）を含むスホーイ航空ホールディングがある。

ユナイテッド・エンジン（UEC）

UECは，軍用機と民間機の設計，開発，生産，サービス，エンジンのオーバーホールに特化した会社として知られている。UECは，七つの設計技術局，10の生産施設，そして五つの支援・修理施設と提携している。スホーイ多用途戦闘機のエンジンを生産しているのは，ルイビンスクのサトゥーン研究製造協会

（NPO），モスクワのサリュート機械製造協会（MMPO），ウファのエンジン製造協会（UMPO）である。NPOは，Su-17，Su-24，そしてSu-27試作機用のAL-21F3ターボ・ジェットエンジンを生産している。

そしてMMPOは，いくつかの異なるエンジンを生産している。AL-21Fエンジン（1972年）は，Su-17，Su-20，Su-22フィッター，Su-24フェンサー用。AL-31Fエンジンは，Su-27，Su-30，殲-11用。AL-31F3エンジンは，Su-33フランカー用。AL-31FM1エンジンは，Su-27SM，Su-30フランカー，Su-34フルバック用。AL-31FM2エンジンは，Su-34フルバック用。ウファUMPOのAL-41F-1S（117S）エンジンは，Su-35フランカーE用，AL-41F1（117）は，Su-57フェロン用である。

戦術ミサイル会社（KRTV）

KRTVは，空対空ミサイル，対レーダーミサイル，対艦ミサイル，多用途ミサイルの設計，開発，生産および整備支援を行う。KRTVは，多くの設計技術局，生産，支援，そして補修施設と提携している。これらの施設には，スホーイ多用途戦闘機用ミサイルを生産するラドゥガ国家機械製造設計局（GosMKB）とモスクワのヴィーンペル科学製造連合（NPO）がある。GosMKBは，Kh-25MP，Kh-31PD，Kh-58E，Kh-58UShKEの各空対空ミサイル，Kh-29，Kh-31P，Kh-31PKの各空対地ミサイルの設計と生産を行っている。ヴィーンペルNPOは，短距離，中距離，長距離の空対空ミサイルの設計と生産を行っている。

ミサイルには，短距離ミサイルのR-60，R-73E，R-73EL，RVV-MD，中距離ミサイルのR-27P1，R-27EP1，R-27R1，R-27ER1，R-27T1，R-27ET1，R-77，RVV-SD，そして輸出用のRVV-AEがある。長距離ミサイルには，R-33E，R-37，RVV-BDがある。

装備技術科学研究所（NIIP）

NIIPの歴史は，1955年3月1日に設立された，モスクワ第17研究所（NII-17）として知られる航空産業省の一部門から始まる。1977年，この組織はソ連閣僚会議の指示により「装備技術科学研究所（NIIP）」と再命名され，1994年には創設者のビクトール・バシリービッチ・チホミノフの名をとってチホミノフNIIPに改名された。モスクワ近郊のジュコーフスキーにあるチホミノフNIIPは，2002年4月23日にロシア大統領命令によって改革されて株式会社となった。

チホミノフNIIPでは，機械的・電子的走査アレイレーダーの設計を行っている。これらのレーダーは，フランカー・ファミリー用のN001レーダーシリーズ（機械走査レーダー），バルスN011Mレーダーシリーズ，イルビスN035レーダーシリーズ（アクティブ電子走査アレイ，またはフェーズドアレイ）のアンテナである。バルスとイルビスの両レーダーモデルは，リャザン市に拠点を置くリャザン国家計器で製造された。NIIPの本部は，モスクワのジュコーフスキーにある。

レーダー研究所（NIIR）

ロシアのNIIRの歴史もNIIPと同じく1955年3月1日航空産業大臣隷下のモスクワ第17研究所（NII-17）に始まる。1977年，ソ連閣僚会議の命令によって「モスクワ第17研究所（NII-17）」は，「装備技術科学研究所（NIIP）」と命名された。そのとき，NII-17の多くの部門は，NIIRとなった。モスクワに本部を置く，ファゾトロンNIIR株式会社は，2002年4月23日にロシア連邦大統領命令によって改編された。この名前は，前身の組織のうちの一つが担当していた基本計画であるソ連最初のコスモトロン（加速器）の名称に由来する。ファゾトロンNIIRは，火器管制レーダーと航空電子機器システムの設計と製造を担当しており，フランカー・ファミリーの戦闘機用レーダー・システム，N010MジュークM（電子走査アレイ）とN010ジュークA（アクティブ電子走査アレイ）アンテナもその担当の一つである。

スホーイ設計局（OKB）

OKBの系譜は，パーヴェル・スホーイが1953年にOKB-1の主任設計技師として指名されたときにさかのぼる。設計局は，公式には1954年1月に第51統合工場，1966年4月30日にクロン機械製造工場と呼ばれた。その後，1975年11月11日にソ連共産党中央会議と閣僚会議の命令によって，パーヴェル・スホーイ機械製造工場に名称を変更した。ソ連の消滅により，1992年3月12日に当初の名称からスホーイ設計局航空科学産業複合体（ANPK）に変更した。その年に民営化が始まって，OKBスホーイ株式会社として登録され，2007年からはスホーイ社の一部となった。フランカー戦闘機を生産するため，中央ロシア南部のイルクーツクとノボシビルスク，および極東ロシアのコムソモリスク・ナ・アムーレの3カ所に生産工場が建設された。

イルクーツク航空機工場（IAZ）

IAZは，イルクート社と提携し，Su-30MKシリーズとSu-30SMの生産，地上テスト，飛行テストを行っている。イルクート社は，1934年から20種の形態の7,000機の航空機を生産し，40カ国に販売した実績

をもつ。

コムソモリスク・ナ・アムーレ航空機工場（KnAAZ）

KnAAZは，スホーイ社の一部門であり，その名称はソ連最初の宇宙飛行士ユーリ・ガガーリンに由来している。スホーイによれば，創設以来12,000機以上の航空機を生産し，そのなかには，Su-7フィッターA，Su-17フィッター可変翼戦闘爆撃機，Su-27フランカー・シリーズがある。工場では，Su-30MK，多用途戦闘機Su-35フランカー・シリーズ，スーパー戦闘機Su-57ファロンの生産，地上および飛行テストを行っている。

ノボシビルスク航空機工場（NAZ）

NAZは，スホーイ社の一部門である。この航空機工場名は，高名なテストパイロットで1936年にソ連邦英雄の称号を授与されたバレリー・パブロビィチ・チカロフに由来している。スホーイによれば，この工場では創設以来，数千機もの航空機を生産しており，そのなかには，Su-9フィッシュポット迎撃戦闘機（1955年），Su-11フィッシュポットC（1962年），Su-15フラゴン（1966年）が含まれている。工場は，1971年から戦術爆撃機の生産にシフトしてSu-24フェンサーを生産し，1992年からはSu-34フルバックを生産。現在NAZは，ロシアの戦術爆撃機の生産と地上テスト，飛行テストを行っている。

略語

APO	航空機製造協会。協会とは単一の企業のことで，そのなかには航空機の設計とテストを行う多数の部門がある。
IAZ	イルクーツク航空機工場
Izdeliye	生産
KnAAPO	コムソモリスク・ナ・アムーレ航空機製造協会
KnAAZ	コムソモリスク・ナ・アムーレ航空機工場
MAP	航空産業省
NAZ	ノボシビルスク航空機工場
NIIP	装備技術科学研究所
NIIR	レーダー研究所
OKB	スホーイ設計局
RVV-AE	中距離空対空ミサイル輸出型
RVV-MD	短距離空対空ミサイル
RVV-SD	中距離空対空ミサイル
SibNIA	シヴェルスキー・ナオーロ航空研究所
USSR	ソビエト社会主義共和国連邦

第1章

Su-22フィッター

アレクサンドル・ムラデノフが，2025年までポーランド空軍に配備されるSu-22フィッター改良型を説明する。

Su-22は，ポーランド空軍が装備したことで，西側でも著名な機体だが，輸出型の可変翼機Su-17フィッターBの知名度は低く，おそらくその名はほとんど知られていない。

NATOコードネーム“フィッター（仕立屋）”を冠する可変翼機スホーイSu-22は，2025年まであと4年は活動する予定だ。本機の長期にわたる運用体制を可能にした要因は，ポーランド企業の支援によるところが大きい。Su-22は，ポーランドで1985年から2000年末まで，前線での攻撃任務を第一として運用されたが，ポーランド空軍がロッキード・マーチンF-16ブロック52＋を取得して完全に戦闘可能な状態になってからは，その重要性は減少した。その間，Su-22の機数は縮小され，パイロットが誘導兵器を使用する訓練の機会は少なくなった。

2012年，Su-22はその主要な任務として訓練飛行と，地上部隊を支援する多様な任務が与えられた。ポーランドは，1984年から1988年までSu-22を110機装備したが，今日，残っているのはわずか18機だ。Su-22の可動機は，すべて改良されて寿命が延命されており，少数の非可動機を含め，ポーランド西部ポメラニア県シフィドビンの第21戦術航空基地に配備されている。

ポーランド空軍（SPRP）のSu-22部隊は，その機体寿命にもかかわらず，2020年代半ばまでは運用を続行する予定だ。その理由は，信頼性と値段の手ごろさにあるが，さらにほかのポーランド空軍機では，十分に代替の利かない任務を遂行できる

Su-22フィッター戦闘爆撃機の進化の過程

ソ連空軍の名称	NATO 報告名	OKBの名称	備考	初飛行	製造会社と製造期間	生産機数
Su-7IG可変翼型	フィッターB	S-22I	1969年に共産党中央委員会と閣僚会議が製造を命令。	1966.8.2		
Su-17	フィッターB	S-32	燃料タンクを格納する背骨がふくらんでいる。Su-7のリュルカAL-7F-1エンジンを搭載。		KnAAPO 1969-1972	224
Su-17M	フィッターC	S-32M		1971.12.28	KnAAPO 1973-1976	253
Su-20輸出型	フィッターC	S-32MK		1972.12.15	KnAAPO 1973-1976	136
Su-17M2	フィッターD	S-32M2		1973.12.20	KnAAPO 1977-1979	268
Su-22輸出型	フィッターF	S-32M2K			KnAAPO 1976-1980	90
Su-17UM練習機型	フィッターE	S-52UM			KnAAPO 1976-1981	75
Su-22U輸出用練習型	フィッターE	S-52U	R29BS-300エンジン			45
Su-17M3	フィッターH	S-52	Su-17UMと同様の胴体構成。後方コックピットと航空電子機器庫の代わりに追加の燃料タンクを設置。高い垂直安定板と腹部ストレーキ。		KnAAPO 1976-1981	468
Su-22M輸出型	フィッターJ	S-52K	R29BS-300 エンジン	1977.5.24	KnAAPO 1979-1981	272
Su-22M3	フィッターH	S-52M3K	Su-17M3と同様の形態		KnAAPO 1982から	59 主にハンガリー向け
Su-17UM3	フィッターG	S-52UM3		1978.9.21	KnAAPO 1978から	165
Su-22UM3輸出型	フィッターG	S-52UM3K	R29BS-300エンジン			9
Su-22UM3K	フィッターG	S-52UM3				41
Su-17M4	フィッターK	S-54	最終生産型	1980.6.19	KnAAPO 1981-1988	231
Su-22M4輸出型	フィッターK	S-54K			KnAAPO 1983-1990	166

第2軍事航空工場で改修された，新しい灰色のペイントで塗装されたSu-22UM3K 509号機。機体上部と翼は2種類の灰色で，フロントガラス前方の反射よけと翼の付け根周辺は黒で塗装された。

可変翼のSu-22フィッターは，NATOでは有効な戦力であり，飛行訓練と支援任務のために2025年まで部隊で運用される。

からである。第21戦術航空基地には，第8戦術飛行隊，第40戦術飛行隊，支援部隊，そしてSu-22を操縦できるパイロットが所属している。

1984年から1985年に製造された6機のSu-22UM3Kフィッター G複座機と，1985年から1988年に極東のKnAAZで製造された12機のSu-22M4フィッター K単座機が引き続き運用される予定だ。この18機はすべて，2015年から2017年にかけて，ブィドゴシュチュにある整備，改修，オーバーホールを行う第2軍用機工場で包括的な寿命延長プログラムを受けた。これにより機体寿命は，ポーランドの「イーグル戦闘機計画」の勝者であるロッキード・マーチンF-35AライトニングⅡに換装される2025年まで延命された。尊敬に値するソ連時代のSu-22を，アメリカ製の輝かしい新型ステルス・ジェット戦闘機に換装することによって，ポーランド空軍の戦闘機部隊の能力は向上することになった。ポーランド国防大臣マリウシュ・ブワシュチャクは，2002年1月31日に，デブリンの空軍士官学校内にある第41訓練航空基地で行われた調印式で，F-35Aを46億ドルで購入する契約に署名した。

低下した重要性

第21戦術航空基地の主任務は，TS-11イスクラ練習機で飛行訓練を終えたデブリンの空軍士官学校パイロット候補生に対して，Su-22で訓練することだった。現在，第21戦術航空基地では，空軍士官学校を卒業したパイロットの飛行訓練を行っている。訓練を終えたパイロットは，そのままシフィドビン航空基地のSu-22の飛行隊で勤務するか，制限付きの戦闘態勢の資格のままMiG-29を装備したマルボルク空軍基地の第41飛行隊やミンスク・マゾビエツキ航空基地の第1飛行隊で勤務した。

Su-22で制限付きの戦闘態勢の資格を付与されたパイロットに対して，F-16ブロック52＋へと進む訓練はなく，あらかじめF-16の要員として選抜されたパイロットは，アメリカで，F-16による飛行訓練を受ける前にT-38Cタロンで事前の飛行訓練を積むことになっている。第21戦術航空基地が遂行すべきSu-22の第二の任務は，ポーランドの空軍，陸軍，特殊部隊，海軍の支援，そしてそのために，日々飛行訓練を行うことだった。支援任務には，戦闘機パイロット，地対空ミサイルを運用する艦艇要員，航空脅威に対抗する防空部隊に対して仮想敵を演じることも含まれていた。Su-22は，近接航空支援として，ポーランド陸軍，特殊

2016年にエストニアで行われた「春の嵐演習」において，アマリ空軍基地上空で編隊から離脱するSu-22フィッター。（©マシュー・ブリュー軍曹/アメリカ空軍）

部隊，NATO標準の統合末端攻撃統制官の訓練機として使用されている。

ポーランド空軍のSu-22はまた，カメラと電子偵察（ELINT）による情報収集用のKKP-1ポッドを使用した航空偵察任務を遂行する。任務の細部は秘密であるため，詳細は不明である。

偵察飛行の多くは，間違いなくポーランド空軍のKKR-1ポッドを装備したSu-22M4が行うもので，カリーニングラード飛び地のロシアの

2017年から2018年の間に，単座機12機，複座機6機まで減少したSu-22フィッター。

ポーランド空軍のSu-22部隊

ポーランド空軍は，Su-22部隊のためにレーザーとTV誘導のロシア製空対空ミサイルを採用したが，これらはもはや訓練では使用せず，また戦闘で有効な兵器とは考えられていない。1980年代後半に装備されたポーランド空軍の誘導ミサイルは，Kh-23M電波誘導ミサイル，Kh-29L/Kh-25MLレーザー誘導空対地ミサイル，そしてSu-22M4の武装のなかでは唯一のTV誘導ミサイルのKh-29Tである。これらのミサイルを訓練で発射するとしても安全を確保するには広い空域が必要だ。ミサイルが目標を見失った場合，発射点から40km（24.9マイル）飛翔する可能性があることを鑑《かんが》みると，安全面からこの広さの空域を，ポーランド国内で確保することはもはや不可能だ。このため，ポーランド国内でのすべてのミサイルの実射訓練は中止された。Su-22M4はまた，対レーダーミサイルのKh-25MPとKh-58Uを搭載できるが，いずれのミサイルもロシアの防空組織に対しては非力と見られている。両ミサイルは，当初はNATO軍の改良ホーク地対空ミサイルMIM-23Bのようなシステムのみに使用するために設計されたものである。今日ポーランド空軍は，無誘導爆弾，ロケット弾，機関砲のような無誘導空対地兵器で訓練している。Su-22M4の（武器と外装燃料を含む）最大外装量は4,250kg（9,370ポンド），最大の武器は500kg（1,102ポンド）爆弾だ。理論的には最大で8種のFAB-500M-62/FAB-500M-54高性能爆弾が搭載できるが，少数しか携行できない。そのほかの兵器は，250kg（551ポンド）FAB-250-120高性能爆薬10発，あるいは100kg（220ポンド）OFAB-100-120破片/高性能爆弾20発になる。クレチェイフスキ大尉によれば，若いパイロットは作戦態勢の資格を獲得するため，訓練場でNR-30 30mm 機関砲，57mm S-5ロケット弾，50kg（110ポンド）模擬弾で訓練しているそうだ。パイロットは，Su-22で60時間から80時間の兵器投下訓練を行った後に，実弾とS-8 80mmロケット弾の訓練が許可される。Su-22部隊では，ただ一つの誘導兵器として使用されているのが，赤外線シーカーを備えたR-60/R-60M短距離空対空ミサイルだ。Su-22のパイロットは，実動シーカーがついたR-60訓練弾（UZR-60T）を使用して近距離における空中戦闘訓練を行うことができる。自己防御能力は，旧式のSPO-15LMレーダー警戒受信装置とSPS-141MVGグボォデズカ妨害ポッドである。どちらもロシア製で，1980年代のNATOの地上と艦載の旧式な防空レーダーと古い世代のNATO戦闘機に対応する。さらに，内装型のKDS-23と錆びついたように古いASO-2Vチャフ・フレア・ディスペンサーを装備する。

防空レーダー網とロシアのバルチック艦隊の行動を監視する。また第21戦術航空基地は，ポーランドの防衛においても，地上および海上に対する攻撃も引き続き任務としている。

機体寿命の延長と改修の努力

2014年末，ポーランド国防大臣は，部隊のSu-22の廃止を取り止め，2025年までSu-22の18機の寿命を延長することを決定した。2015年2月，第2軍事航空工場は，胴体とシステムの延長作業の契約を取り付けたことで表彰され，Su-22のAL-21F-3ターボ・ジェットエンジンはオーバーホールされ，ワルシャワ近くの第4軍事航空工場で機体の延命作業が行われた。

かつてポーランド空軍で大きな戦力であったSu-22を，さらに飛行時間を800時間あるいは機体運用を10年間延長させることで可変翼機でありながら合計で40年間も部隊運用できることとなった。その結果，Su-22の寿命は，3,200飛行時間に延長され，総着陸回数は単座機Su-22M4で4,200回，作戦運用時の複座機で5,200回となった。

1980年代後半にOKBが設定したSu-22M4の寿命は，たった1,500飛行時間/19年であり，その寿命にはすぐ到達したが，一方で機体のオーバーホール間隔は，750飛行時間/10年間，AL-21F-3エンジンのオーバーホール間隔は，450時間から500時間に増大した。第2軍事航空工場で行われた18機の機体のオーバーホールは基本的な改修で，二つのステージに分かれている。ステージⅠは，2016年までに9機を終えるもので，予備のUHF/VHF通信機として，ポーランド製で8.33MHzの帯域幅があり，コクピットの飛行/航法用器材の情報を測定装置に送信するユニモールRS6113-2を搭載した。ステージⅡは，2016年から2017年に行われ，ポーランド製の新型S2-3Aソリッドステート衝突対応型飛行データレコーダーを搭載した。Su-22M4は，音声/ビデオ・コクピット・レコーダー，また，時代遅れの紙穿孔カードを使用しているソ連時代の装置をソリッドステート・ミッションデータ・ローディングに換装した。ステージⅠで改修されたすべての機体は，第21戦術航空基地に送られた後，再び第2軍事航空工場に戻されてステージⅡの改修を受けた。改修された機体上部と翼は，新しい2種類の灰色のペイントで塗装された。さらに，フロントガラス前方の反射よけ，翼の付け根周辺，そして30mm機関砲の発射ガスが付着しがちな銃口付近は黒で塗装された。複座機では微妙に異なる塗装があるが，それは右側に機関砲を搭載しているという理由で，左側も黒で塗装された。

賛否両論

Su-22M4とSu-22UM3Kは共に，1950年代末にSu-7B可変翼超音速戦闘爆撃機として設計された機体を継承している。リュルカAL-21F-3ターボ・ジェットエンジンは，マクダネル・ダグラスF-4フォントムⅡのGE J79エンジンを分解してコピーし，性能を向上させたもので，推力は76.5キロニュートン（17,200ポンド），アフターバーナー使用時の推力は，110.5キロニュートン（24,841ポンド）になる。

主翼は可変翼で，前縁の角度は30度から63度まで可動し，手動で操作し，油圧で作動する。可変翼は，離着陸時には前進させ，高速飛行と低空でのスムーズな飛行時には後退させる。巡航時と地上攻撃時は中間位置の45度に設定する。可変翼の三つの設定は，パイロットが手動でスイッチ操作を行う。各Su-22M4には，PrNK-54デジタル航法／攻撃火器管制システムが装備されており，それにはオービタ20-22デジタル・ミッション・コンピュータ，改良されたキルロン54レーザー測距／指示装置，ASP-17BT電子光学兵器サイト，IKV-8慣性航法装置，A-321 RSBN短距離通信航法支援装置，A-720 RSDN長距離通信航法支援装置，RV-21レーダー高度計，ARK-22自動方向指示器，R-862 UHF/VHFラジオ，SAU-22M2自動操縦慣性装置が内蔵されている。PrNK-54は，6カ所のポイントを経由し，四つの目標に向けて自動航法で飛行できる。Su-22UM3Kには，旧型でアナログKN-23-1航法／航法装置とASP-17BTs電子光学兵器サイトが搭載されている。空気取り入れ口のコーンは，二つのポーランド空軍仕様によって異なっている。Su-22M4は固定型であり，Su-22UMK3は超音速飛行時にエンジンを良好な状態で維持するために可動型を採用している（両型のエンジンは同じ）。固定型コーンのSu-22M4は，高高度，水平飛行で最大マッハ1.7，可動型コーンのSu-22UMK3は，無武装でマッハ2.09を出す。機

初期の改修

1990年，ポーランドは，保有する多数のSu-22を改修する意図があると発表した最初の国となったが，その中身はというと航法システムの小さな改修以外のことは何もなかった。ポーランド空軍は，共産政権時代やその後も，110機という世界で最も多くのSu-22を輸入しており，その内訳はSu-22M4が90機，Su-22UM3Kが20機だった。1999年には，88機のSu-22M4と18機のSu-22UM3Kが運用されていると報じられたが，2010年には，運用機数は，26機のSu-22M4と6機のSu-22UM3Kだけとなった。ポーランド空軍は，2005年から第2軍事航空工場での老朽化したSu-22の定期オーバーホールを停止し，代わりに第2軍事航空工場とポーランド空軍技術研究所で協同して段階的な延命措置を実施した。この最初の延命計画で，Su-24M4の寿命は30年，3,000飛行時間，着陸回数3,000回になり，Su-22UM3Kは，30年，3,000飛行時間，着陸回数4,000回になった。2011年11月までに，最も酷使されていたSu-22M4の飛行回数は2,251回，最小の飛行回数は1,527回と記録されている。そのとき，Su-22UM3Kの最大飛行回数は，3,870回と報告されている。1999年と2000年には，少数のSu-22が小規模改修を行い，航法と通信システムをNATOと国際民間航空機関（ICAO）の基準に適用させた。第2軍事航空工場で改修されたのは，トリンブル2101AP 商用GPS 受信機，ベンディックスKLU-709商用戦術用TACAN受信機，ANV-241MMR 計器着陸装置だった。これらの改修に使用された機器の一部は米国からの無償供与であったものの，激しい機動を必要とする軍用機に装着するには不十分な仕様だった。Su-22M4に，既存のオービタ20-22ミッション・コンピュータに，新たに開発したインターフェイス・ボックスを介して西側の新型標準航法／攻撃装置PrNK-54を組み込むと共に，同装置から示される情報は，人間工学的な見地から，計器盤の中央に配したNPPクロックワーク航法指示装置に表示される。新型衝突防止灯も装備されたが，もとからあったロシア製のR-862 UHF通信操作パネルは，8.33 MHz帯域で選局できる通信機に交換した。改修されたSu-22は，容易に取り外しがATM QAR/S-54フライトデータレコーダーとポーランド製のラドワー SC-10敵味方識別装置が装備された。

Su-22M4の諸元

翼幅（翼前方時）：13.68m（44フィート11インチ）
翼幅（翼後退時）：10.02m（32フィート10インチ）
全長：19.02m（62フィート5インチ）
全高：5.12m（16フィート10インチ）
翼面積（翼前方時）：38.49㎡（414平方フィート）
翼面積（翼後退時）：34.45㎡（370平方フィート）
最大離陸重量：19,430kg（42,824ポンド）
標準離陸重量：16,400kg（36,155ポンド）
空虚重量：12,161kg（26,810ポンド）
機内燃料：3,770kg（8,310ポンド）
機外燃料：2,875kg（6,337ポンド）
無武装海面上最大速度：時速755ノット（1,400km/h）
無武装高高度最大速度：時速1,005ノット（1,860km/h）
着陸速度：時速154ノット（285km/h）
離陸速度：時速194ノット（360km/h）
無武装最大作戦速度：マッハ1.7
無武装実用上昇限度：46,576フィート（14,200m）
上昇率：45,590フィート/分（13,895m/分）
航続距離（最大機内燃料）：1,520km（820海里）
航続距離（機外燃料を含む）：2,550km（1,375海里）
ハイ・ロウ・ハイ飛行，武装2,000kg（4,409ポンド）での飛行距離：1,150km（620海里）
離陸距離：1,500m（4,920フィート）
着陸距離（ドラッグシュート使用）：1,100m（3,608フィート）
G制限：+7g

体の全体的な戦闘能力である高高度での理論速度マッハ2.0以上という速度は，十分なものであり低高度の攻撃任務では，超音速で飛行することはほとんどない。

Su-22を第4世代戦闘機に統合しようとする考え方を受けて，Su-22のパイロットのクレチェイフスキ大尉は，ポーランド空軍のSu-22ファミリーに対し，「一般的に言って，機上通信能力の制限によってF-16の仲間と統合できる可能性はほとんどない」と発言しているものの，この問題は2015年から2016年にかけての予備通信機材を追加したことで，ある程度解消されている。

経験を積んだパイロットが記した

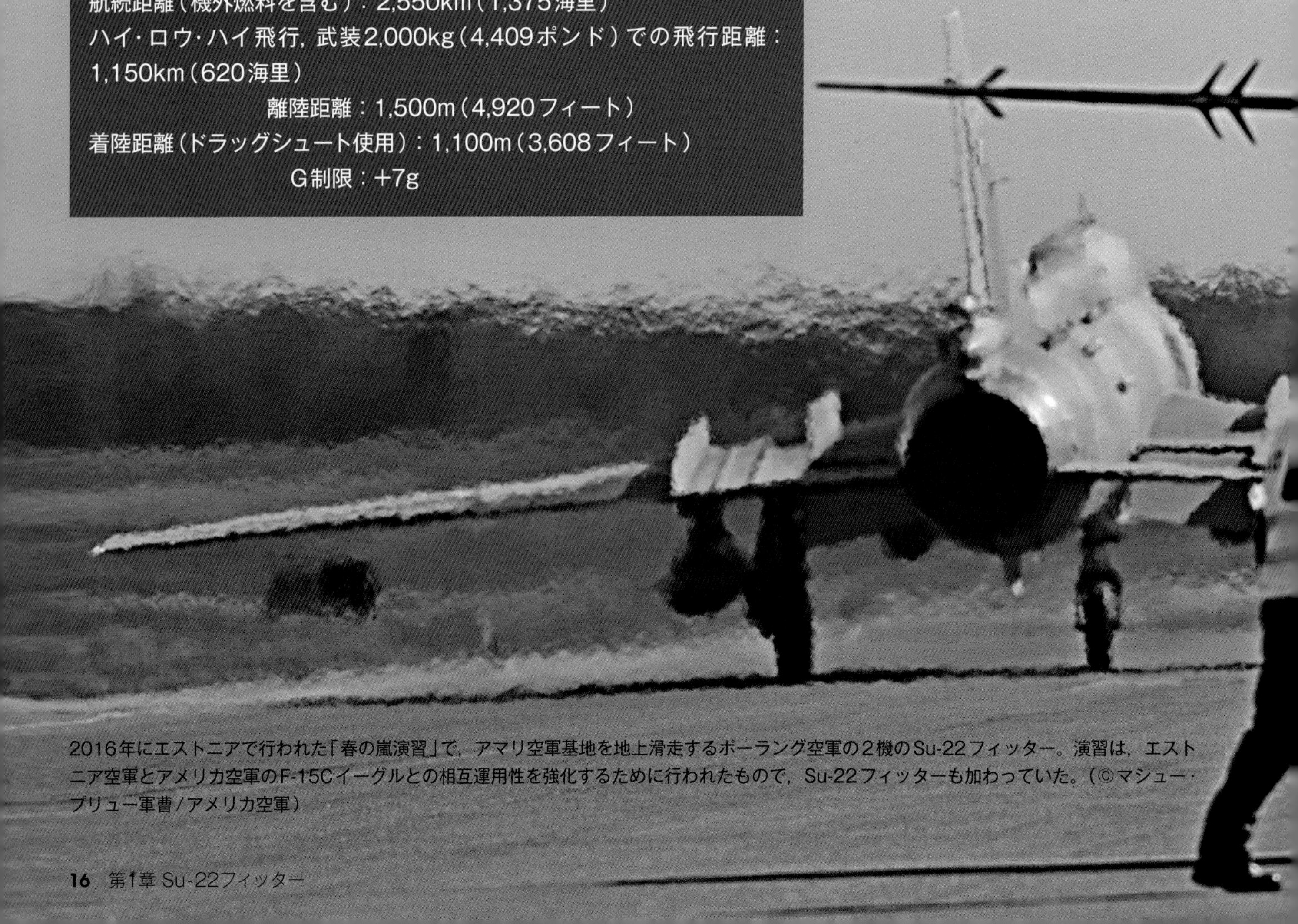

2016年にエストニアで行われた「春の嵐演習」で，アマリ空軍基地を地上滑走するポーランド空軍の2機のSu-22フィッター。演習は，エストニア空軍とアメリカ空軍のF-15Cイーグルとの相互運用性を強化するために行われたもので，Su-22フィッターも加わっていた。（©マシュー・ブリュー軍曹/アメリカ空軍）

可変翼機Su-22の長所は，粗削りだが信頼性の高い機体であり，空力的な特性によって兵器を発射するときの安定性が高いことだとしている。AL-21F-3ターボ・ジェットエンジンの設計，製造ともにその技術は古いものの，信頼性は高く，さまざまな場合において異物の吸い込みに対する耐性に優れている。クレチェイフスキ大尉は，飛行経歴のなかでエンジンへの鳥の吸い込み（どの場合も鳥は7羽以上）事故を，二度経験しているが，そのときはエンジン機能の異変は感知されず着陸した後に，初めて鳥の吸い込みが発見された。

Su-22の航法/攻撃装置は，大きく重い時代遅れのオービタ20-22デジタル・ミッション・コンピュータを含む1980年代の古い装置だが，十分な信頼性がある。Su-22に搭載されている機器のなかで，最も信頼のおけない器材は何か？　と問われたクレチェイェフスキ大尉は，改修によって新規に搭載された西側の航法装置が最も信頼がおけない，と発言している。クレチェイフスキ大尉によれば，Su-22の灰色のツートーン迷彩塗装は不評であり，古い緑と茶色の迷彩に比べて，低高度を飛行する機体は背景にまぎれにくいので，ふさわしくないと述べている。バルト海の暗い海面近くを低高度で飛行する場合も同様であり，低高度を飛行するSu-22は，高高度を飛行する迎撃機によって目視される。しかし，新たな迷彩は，Su-22が高高度で迎撃された場合にとても有効となる。ポーランド空軍のMiG-29のパイロットが，訓練でSu-22を迎撃したが，灰色の機体を目視することが困難だったからだ。また，地上の防空部隊の兵士も灰色のSu-22は，灰色の空にまぎれて目視は困難だと報告している。

第2章

Su-24フェンサー

アレクサンドル・ムラデノフは本章で，ロシアで最も多く生産された攻撃機であり，戦術偵察機として大きな貢献を果たしたスホーイSu-24について考察する。

Su-22フィッターと同様にSu-24フェンサーの系譜は，スホーイSu-7BとOKBの新型戦術爆撃機までさかのぼる。NATOによって“フェンサー（剣士）”と命名されたスホーイSu-24可変翼戦闘爆撃機は，操縦・維持するには複雑な機体だ。Su-24MとSu-24MRは，1970年代に実用化されて以来，飛行安全上の問題が多かったものの，ロシア空軍とロシア海軍に配備され，少なくとも5カ国に輸出され，そのうちの一つは，かつてのソ連だった。

2015年11月24日，Su-24は世界中のメディアの見出しに載った。シリアのフメイミム空軍基地から出撃したロシア空軍のSu-24Mが，トルコ国境上空で，トルコ空軍のF-16戦闘機に迎撃され，AIM-9ミサイルで撃墜したからだ。トルコ政府によれば，進路の変更を促すため，5分間で10回の警告を与えたが，ロシア製Su-24はトルコ領空を17秒間，距離にして2.19キロメートル侵入して領空侵犯した。警告に対するSU-24のパイロットからの反応はなく、撃墜に至ったもので、2名の搭乗員はこのとき脱出している。

脱出したパイロットの一人，オレグ・アナトリエビッチ・ペシコフ中佐はパラシュート降下中に射殺されたが、これはジュネーブ条約上、明らかに戦争犯罪に該当する行為だった。一方，もう一人の脱出者，兵器管制将校のコンスタンチン・ムラフチン大尉はロシア側の救助部隊に救出された。この事件によって，Su-24は，朝鮮戦争後，NATO加盟国が戦闘によって撃墜した最初のロシア機

初期生産型Su-24Mホワイト42号機で，翼の大きな境界層フェンスが目立っている。本機は，ロシア北部ノルウェー国境に近いモンチェゴルスク空軍基地の第98連合飛行連隊所属機である。（©アレクサンダー・ムラデノフ経由アンドレイ・ツィチュク）

となった。

Su-24の真の強さは，悪天候のなか，昼夜を問わず，6,000kg（13,228ポンド）の兵器を携行して，高度330フィート（100m）を時速540ノット（1,000km/h）で長距離を侵攻することができることだ。

Su-24は，次の10年も運用されることは間違いないが，ロシア空軍では徐々に，Su-34“フルバック（後衛）”，ロシア海軍ではSu-30SMフランカーに機種更新されている。

低高度全天候性能

Su-24は，当初，アメリカのゼネラル・ダイナミックス社製のF-111を“模写”して開発されたと見られていた。両機は外形も与えられた任務も似ていた。Su-24は当初の計画より性能が低く，設計段階で多くの欠点を抱えていた。粗悪で信頼性に欠ける機体として悪名高いSu-24Aは，1960年代後半に就役したが，10年以上にわたって総合的な改良が施され続けた。その結果，Su-24フェンサーB，Su-24フェンサーC，そして大規模改修されたSu-24MフェンサーDが完成した。Su-24MフェンサーDは，1980年代前半に部隊に配備され，1993年まで生産された。機体は，Su-24MRフェンサーE偵察機と派生型のSu-24MPフェンサーF電子戦（EW）機に改修された。

1991年にソ連共和国連邦が崩壊した後も，900機のSu-24がロシアに引き継がれた。引き継がれたSu-24のうち，200機以上がロシア空軍とロシア海軍に配備され，航法/攻撃システムを改修（爆撃照準装置SVP-24の項を参照）された。初

電子戦：Su-24MPフェンサーF

電子戦（EW）任務を遂行するSu-24MPフェンサーFは，スホーイ可変翼機の最終バージョンである。この機体は，敵中深く存在する目標を攻撃する編隊の随伴用に開発されたもので，地対空ミサイルと防空戦闘機が攻撃編隊を防護する。Su-24MPは，機首下の成型部と複数の剣型アンテナで簡単に識別できる。機体の特徴は，NATOの早期警戒レーダーに適切に対抗できるランディシュ・エスコート妨害システムを搭載。Su-24MPには，広域帯をカバーするロス，ファソール，ミノサという3種の妨害装置を装備しており，Su-24MとSu-24MRと同様に，自己防衛のためにR-60空対空ミサイルを搭載する。2機のSu-24MPプロトタイプは，Su-24Mの機体を利用したもので，初号機は1979年に初飛行した。量産機数は10機で，1983年4月に最初の1機が初飛行した。

Su-24フェンサー

ソ連空軍の名称	NATO報告名	スホーイの名称	備考	初飛行	製造会社と製造期間	生産機数
		T-6	共産党中央委員会と閣僚会議は1965年8月にT-6戦術爆撃機の生産指令を出した。	1970年1月17日にT6-2Iが初飛行した。		
Su-24	フェンサーA フェンサーB フェンサーC	T-6 ソ連空軍は1973年にSu-24IOCを明らかにした。	共産党中央委員会と閣僚会議は1975年2月4日にSu-24の部隊配備を決定した。	1971年12月にT6-7の生産を開始した。	NAPO、1979年から1983年。	500機以上。
Su-24M，1983年に発表。	フェンサーD	T-6 Su-24Mに新たな航法火器管制システムを装備した。	ソ連空軍は1981年6月に最初のSu-24Mを受領した。	1977年6月24日に試作機T6-8が完成した。1979年6月20日に初号機が完成した。		
Su-24MR	フェンサーE	T-6	NIIPが開発したBKR-1ポッドを使用した全天候，昼夜間偵察型。	1981年9月に初飛行した。	NAPO、1983年-1993年。	
Su-24MP	フェンサーF	T-6MP	電子情報収集・電子攻撃型。	1980年4月に初号機が完成した。		
Su-24MK，Su-24MRK 輸出型			ソ連空軍機と比べれば航空電子機材の質は低い。	1987年に初飛行した。		アルジェリア(41)，イラク(36)，リビア(15)，シリア(22)，イラン(12)に輸出した。
Su-24M改良型			新たなサブ・システムの改修には，ミッション・コンピュータ，レーダー・プロセッサー，レーダー・ディスプレイ，ヘッド・アップ・ディスプレイが含まれている。			アルジェリアに輸出したのはSu-24MK2改良型とSu-24MRK2標準型。

号機は2004年に配備された。改修には二つの計画があったものの，その実行は遅々として進まなかった。

T-6からSu-24

Su-24の開発は大いなる挑戦でもあった。性能の要求は，短距離離陸能力，長い航続距離，重武装，低高度/全天候/昼間・夜間で運用可能な精密な航法/攻撃能力で，ソ連の1960年代から1970年代の戦術爆撃機では，全天候，低高度，地形追随，超音速を備えている機体はSu-24以外になかった。

新たな核攻撃用戦術爆撃機は，計画では1970年代初めにソ連空軍に配備され，ソ連空軍のエア・パワーの潜在能力を高めるものと見られていた。

Su-24の開発は，共産党中央委員会と閣僚会議が1965年9月21日に，OKBにT-6戦術爆撃機の生産を指示したことから始まる。新型機は，短距離離着陸（STOL）性能を有するSu-15フラゴン迎撃戦闘機の機体を活用することにした。OKB（ソ連時代は「モスクワ機械製作工場」と呼ばれていた）の設計チームは，厳しいSTOL性能，超音速性能，低高度性能の要求を満たすために，2基のターボジェット・エンジンに4基のリフトジェットを組み合わせた。

固定デルタ翼の新型機は，当初は

Su-24MR RF-91994ホワイト42号機。任務終了後に離発着訓練中。（©ロシア国防省）

クルガン地域上空での攻撃訓練で，2基のB-13ロケットポッドを搭載しているSu-24M RF-92020号機。本機は，チェリャビンスク空軍基地の第2連合航空連隊所属機だ。（©ロシア国防省）

初期のSu-24生産シリーズ

シリーズ	型	特徴
1から15	Su-24フェンサーA	特徴的な長方形の断面の後部動体
16から21	Su-24フェンサーB	円形の後部胴体，垂直尾翼の拡張されたドラッグシュート部
22から27	Su-24フェンサーC	エンジンの操作に適用させたミッション用航空機材と固定空気取り入れ口

メモ
フェンサーCは，固定型空気取り入れ口のため，亜音速低高度の運用に制限があった。まもなく，すべてのフェンサーAとフェンサーBは，可変空気取り入れ口に改修されたため，フェンサーCと同様の速度は発揮できなくなった。1883年にソ連空軍に配備された最終型のいわゆるSu-24“バニラ“は，NAZで合計721機生産された。

ロシアのSu-24部隊

ロシア空軍		
第2爆撃飛行連隊	Su-24M, Su-24M2, SVP-24, Su-24MR	チェリャビンスク近傍のシャゴル
第4国家航空個人訓練軍事試験場	Su-24M, Su-24M2, SVP-24, Su-24MR	リペツク
第11混合飛行連隊	Su-24M, Su-24MR	マリノフカ
第37混合飛行連隊	Su-24M	カリーニングラード近傍のグバァルデイスコエ
第98混合飛行連隊	Su-24M, Su-24MR	ムルマンスク近くのモンチェゴルスク
第277爆撃飛行連隊	Su-24M, SVP-24, Su-24MR	コムソモリスク・ナ・アムーレ近くのクルバ
ロシア海軍航空隊		
バルト艦隊		
第4海軍飛行連隊	Su-24M, SVP-24	チェルニャホフスク
黒海艦隊		
第43海軍飛行連隊	Su-24M, Su-24MR	サキ

2017年に中国の太平川空軍基地で行われたアビアダーツ国際競技大会で着陸するSu-24MR RF-95036号機。本機は，胴体下中央にBKR-1偵察ポッドを装着している。（©ロシア国防省）

のちにT-6になるT-58Mとして設計された。T-58Mは，1967年7月2日にスホーイのテスト・パイロットのウラジミール・イリューシンによって初飛行が行われた。テスト飛行の間，T-6は比較的小型の機体に6基のジェットエンジンを搭載した複雑な設計と，重量の増大に起因する操縦性の低さは関係者たちを大きく落胆させた。

リフトジェットによるSTOL機の構想は破棄され，T-6の最初の計画は終了した。唯一の試作機T6-1は，航法/攻撃機器の試験機として活用された。リフトジェットを取り外した機体は，機首を成形し，地上攻撃/地形追随用レーダーが搭載された。

可変翼のデザインは，すでにスホーイとミコヤン設計局が製作した2種のソ連製戦術ジェット機でテストしており，さまざまな観点から，その有効性が期待されていた。この可変翼機のコンセプトは，ゼネラル・ダイナミクス社製のF-111に踏襲されていた。スホーイの設計技師オレグ・サモイロビィッチは，1967年にパリのル・ブルジェ空港で行われた航空ショーで

戦術偵察機：Su-24MRフェンサーE

スホーイが部内で指定したT-6MRとして知られているSu-24MRフェンサーEは偵察機仕様であり，1978年6月25日に初飛行し，1983年に量産が開始された。Su-24MRは，Su-24Mの機体の改修はほとんど行わず搭載機器の換装によって，前線の背後を400km（216海里）侵入して地上と海面上を全天候，昼夜間にわたる偵察できる全く新しい能力を有している。Su-24MRには，空対地の攻撃能力は有していない。カイラ目標指定システムとオリオンA航法/攻撃レーダーは，搭載されていないが，レリーフ地形回避レーダーは装備された。左エンジン取り入れ口には100枚の湿式フィルムカメラ（斜方撮影ができる）を内装したシュテク側方監視レーダーを装備し，機首にはAP-402P低高度パノラマカメラを装備している。飛行中撮影された両カメラのフィルムは，特別なカプセルに入れて地上に配達される。湿式フィルムカメラは，アイストM光学カメラとジーマIRスキャナーで拡大する。両方とも機種に装備されている。アイストM光学カメラの偵察データは，ShRK-1広域帯データリンクで地上の基地に伝送する。胴体下に携行している2種のポッドもまた偵察機器の一つである。一つ目のポッドには，偵察用（低高度偵察用の）スピル2Mレーザー・スキャナー，二つ目のポッドには（電子偵察用の）SRS-13タンガジELINTシステムが内装されている。そして，さらにもう一つのエフィール1M放射線探知ポッドは，右翼の可変パネル下で携行する。Su-24MRは，左翼下でR-60ミサイルを携行する。

最新のダークグレーのカラースキームに塗装され，BKR-1偵察ポッドを装着しているSu-24MR RF-33778号機。（©ロシア国防省）

Su-24Mの目標指示センサー

二重バンド帯を使用しているオリオンAレーダーは，Su-24フェンサーDが悪天候下で運用するための主要な目標指示センサーである。この目標指示センサーは，爆弾投下のために視界0でも高精細な画像を得ることができるため，Aバンド（8mmの波長）を使用している。画像を解析することで十分な技能をもった航法士をもってすれば，家屋，シェルター，戦闘車両のような小目標の探知と識別が可能となる。戦車程度の目標ならば，最大10km（5.4海里）で探知できる移動目標表示モードが使用可能である。Bバンド（波長30mm）では解像度の低いレーダー画像であるため遠距離の大きな目標，戦場の風景，人間が構築した建物程度の探知は可能であり，高高度であれば，150km（81海里）で大型船を探知でき，高度200m（660フィート）であれば，距離40km（21.6海里）で巨大鉄橋を識別できるとのレポートもある。Su-24Mの目視爆撃とレーザー誘導兵器の運用能力は，カイラ24光学/レーザー目標指定システムを基本としている。このシステムは，モスクワのジオフィジカ設計局で開発され，機体下面の前方と下方に向いている平面ガラスの窓から監視する。光学カメラは，低視認性のなか暗夜で目標探知能力を向上させるため，画像のコントラストを強調していることが特徴だった。このカメラは二つの視野をもち、一つはターゲットサーチに、もう一つは3倍のズームでターゲットに照準を合わせる。戦車の平均探知距離は，5km（2.7海里）だ。光学カメラの画像は，航法士の前面のブラウン管に表示する。光学カメラとレーザー距離計/目標指定は，相互に補完する関係にあり，その機能範囲は垂直には＋6度から－160度，水平には＋/－35度だ。水平飛行中，および/または機動中に，目標に一定のレーザー光線を当てることができる。これは，機体後方に落下するKAB-500，またはKAB-1500Lレーザー誘導爆弾を誘導するため，照射器自体が回転しているからだ。カイラ24光学カメラは，Kh-29Tミサイル，KAB-500KとKAB-1500K爆弾のような光学誘導兵器を使用するきっかけとなった。Su-24Mはまた，デルタNMT6M目標指定システムを使用した，Kh-23MとKh-25MRビーム誘導空対地ミサイルの運用能力を有する。Kh-58，Kh-59Mの二つのスタンドオフミサイルの射程は，それぞれ45km（24海里）と200km（108海里）で，APK-9データリンクポッドと連接している。このタイプのミサイルは，巡航フェーズは慣性誘導，飛行の最終フェーズは人介在型の光学誘導で，航法士は精密攻撃が可能なようにミサイルを目標に指向する。未改修のSu-24Mは，LO-081ポッドまたは，発射前の目標指定に使用するファンタスマゴリア・エミッター・ロケーター・システムと連携した，Kh-58UまたはKh-24MP対レーダーミサイル2発を搭載して敵の防空網制圧を行う。

リベツク上空の空中給油でタンカーから離脱するSu-24M RF-92249 レッド47号機。（©ロシア国防省）

のF-111の機体展示を見て，その機体形状から価値ある情報を得ていた。F-111で取り入れられていた空気取り入れ口の配置，垂直安定板，全可動尾翼などはスホーイの新型可変翼爆撃機の一部に採用された。

可変翼には，後退角の違いによる，翼幅やアスペクト比（縦横比）の変化に大きな特徴があった。T-6の可変動作は2系統あり，中央部のレバーと，機外の可搬型パネルによって油圧起動装置を操作するものだ。可変翼の角度は，良好な短距離着陸性能を得るための低速時は16度，巡航

Su-24Mの諸元

翼幅（角度16度）：17.37m（56フィート10インチ）
翼幅（角度72度）：10.36m（34フィート）
全長：24.53m（80フィート6インチ）
全高：6.19m（20フィート4インチ）
翼面積（角度16度）：55.2㎡（593.8平方フィート）
翼面積（角度72度）：51㎡（549.2平方フィート）
最大離陸重量：39,700kg（87,532ポンド）
離陸重量ペイロード3,000kg（6,612ポンド）：35,910kg（79,168ポンド）
空虚重量：22,320kg（49,207ポンド）
最大携行重量：8,000kg（17,636ポンド）
海面上無武装最大速度：時速710ノット（1,320km/h）
海面上武装最大速度：時速647ノット（1,200km/h）
高高度最大速度：時速783ノット（1,450km/h）
最大作戦速度：マッハ1.35
実用上昇限度通常武装：36,400フィート（11,000m）
戦闘行動半径低高度外装タンク付：560km（302海里）
戦闘行動半径低高度機内タンク：410km（220海里）
航続距離機外燃料タンク3,000リッター(660 英ガロン) 2本：2,850km（1,537海里）
離陸距離：850m-900m（2,789 ～ 2,953フィート）
着陸距離ドラッグシュート使用時：800～ 850m（2,625～2,798フィート）
G制限：＋6.5G
エンジン：リュルカAL-21F-3ターボジェット。17,200ポンド（76.5キロニュートン），アフターバーナー使用時24,700ポンド（110.5キロニュートン）
兵器搭載量：部外燃料タンクなしで，500kg（1,100ポンド）10個/または250kg（550ポンド）破砕爆弾/高性能爆弾24個搭載。部外燃料タンクで飛行中は3,000kg（6,612ポンド）

時は35度，戦闘機動中は45度，そして，超音速低速水平飛行時は72度に設定された。

翼のコントロールは，主翼前縁スラット，後縁フラップ，可動スポイラーで，そして高速飛行中のロール・コントロールは，別々に作動する全可動尾翼で行う。機体の上下動は，これらの舵面を互いに操作して行う。ピッチ・コントロールを改善するため，可変翼の角度を55度に設定したときは，翼のパネル表面上の境界層フェンスを使用する。T-6は，角ばった形状の胴体部分と大口径の空気取り入れ口，大きな水平尾翼で構成され，高速飛行時に十分な安定性を得るため，2枚の腹びれを設置した。エンジンはというと，2基のリュルカAL-21F-1ターボジェット・エンジンで，推力はアフターバーナー使用時は19,626ポンド(87.3キロニュートン)である。離陸性能は要求性能を満たしていないが，それはT-6が計画よりも重すぎたからだ。結果として，推力17,196ポンド(76.49キロニュートン)，アフターバーナー使用時は24,602ポンド(109.4キロニュートン)の新型エンジン，リュルカAL-21F-3ターボジェット・エンジンが開発された。作戦時の最大兵器搭載量は8,000kg(17,637ポンド)で，8カ所の吊架《ちょうか》装置を搭載する。機体内部には6砲身のGSh-23-6 23mm機関砲を装備し，500発の弾丸を携行している。

可変翼の固有の欠点として明らかになってきたのは，回転軸の支持装置の重量増大，複雑な翼パネルの油圧操作，そして可変翼の角度をそれぞれ16度，35度，45度，72度に設定した場合の安定性と操縦性能が異なることが含まれていた。

命がけの飛行テスト

モスクワのスホーイ実験工場で製作されたプロトタイプのT6-2I型は，1970年1月17日に，再びウラジミール・イリューシンの手で初飛行した。さらに別の2機のプロトタイプが，間髪を置かず初飛行を行ったほか，別の機体は地上テスト機として提供された。NAZは，T-6プログラムに，開発当初よりかかわっており，量産試作段階の機体の製造と飛行も含めた飛行テストに携わっていた。飛行テストとその評価は，過密なスケジュールのもと，4機のプロトタイプ，13機の量産前の機体，量産基準とするために開発された機体などを投入し，1974年7月にテストを終えた。

飛行テストは1,800回行われ，その間，対レーダーミサイルKh-28を18発と空対空ミサイルR-55を12発試射した。過密なスケジュールのもとでの飛行テストは多くの機体を喪失した。10機が失われ，そのうち3機は機体関連で，7機はエンジントラブルだった。1970年後半から1980年前半にかけて行われたSu-24M，Su-24MR，Su-24MPのテストと評価でさらに4機が失われた。

多くの設計上の不備と信頼性の欠如によって続いたこの10年間の屈辱は，関係者たちを大いに困らせた。運用に限界があるのは，頼りにならないAL-21F-3エンジンに加え，航法システムと操縦系統の弱さが原因だった。

1972年に公式のテスト結果が出る前にT-6の生産が始まったが，そ

この年のアビアダーツ国際競技大会は，リャザン・ディアギレフ空軍基地で行われ，Su-24Mを含み，150機の航空機が参加した。（©ロシア国防省）

の理由は，冷戦の高まりに伴い，ソ連空軍の攻撃能力を向上させるため，戦術核攻撃機を装備することが必要になったためだ。ソ連空軍は，1973年に可変翼機の初期生産型を受領したが，それはのちに正式にSu-24となった。Su-24は，NAZで製造され，リペツクの第4国家航空人材訓練/軍事試験センターに配備され，飛行教官の基幹要員の訓練に使用された。このセンターは，PNS-24ピューマ航法/攻撃システムを完全に体得するために，Su-24の戦闘能力の開発と戦術マニュアルを作成する任務を与えられた。

カリーニングラード近くのチェルニャホフスク空軍基地の第63爆撃飛行連隊に配置されたパイロットと航法士は，リペツクで最初の飛行訓練を受けた。第63爆撃飛行連隊は最初の運用態勢に入り，1973年にSu-24を受領した。

Su-24M

スホーイは，Su-24の能力を向上させた派生型で，空中給油のプローブを設置するために機首を750mm（29.5インチ）延長し，航空電子ボックスを搭載した内部呼称T-6M型を開発した。抵抗を少なくするために，尾部胴体の断面を丸くし，下記の機材を搭載した。キアラ24TV/レーザー目標指定システムと連携したPNS-24Mタイガー NS航法/攻撃装置と，SPO-15Sベリョサ Sレーダー・ホーミング/警戒レシーバー，ジェラン1FUまたはジェラン2FUアクティブ・レーダー・ジャマー，L-082 Mak-UL1赤外線ミサイル接近警戒センサー，12発のAPP-50Aチャフ/フレアー・ディスペンサーである。T-6Mは，キアラ24TV/レーザー目標指定システムによって，多様な空対地用のTV/レーザー誘導兵器を搭載できる。また，自己防御のため，左翼下の二つのランチャーにR-60（AA-8“エイフィド”）短距離空対空ミサイルを2発搭載している。R-60はパイロットが目視照準し，空中給油を受け入れるため，胴体下にUPAZ-Aポッドを吊架して，燃料を10,000kg（22,040ポンド）増加させた。

T-6M試作機の初飛行は1977年7月23日で，製造工場と軍のテスト飛行計画によって合計1,070回飛行した。T-6M試作機はSu-24Mと命名され，初号機は1979年6月に運用を開始し，1981年6月にリペツクのテスト部隊に配備された。部隊でのテストは，1985年に終了した。NAZは，1983年の後半までSu-24MフェンサーDを生産したが，最終的には何機かのSu-24MK，Su-

25MR 180機，Su-24MP 10機を含んだ全500機を生産した。

Su-24M2

Su-24M2改修型は，「グサール（軽騎兵）」のコードネームがつけられた計画のもと，2000年初めにスホーイが開発したものになる。この改修型には，ミッション・コンピュータ，パイロット用のILS-31 HUDとA-737衛星航法受信機に新型INS，新型ラジオ，フライトデータレコーダー，ナビゲーターの前面画面に配置した2台の液晶カラー・ディスプレイを組み込んだ器材が搭載された。1台のディスプレイは，カイラ24目標指定システムの画像を表示し，もう1台はレーダーとデジタル地図を表示した。Su-24M2は，Kh-31AとKh-31P高速ミサイルによって高い空対空戦闘能力を有している。

Su-24M2初号機は，2002年にテスト飛行し，2006年から2009年まで，NAZで24機が改修された。最初に配備された部隊は，ペレスラフカ基地の第302爆撃飛行連隊だが，2010年に極東ロシアのクルバにある第6,988空軍基地に移動し，第277爆撃飛行連隊に改編された。4機のSu-24M2は，テスト，飛行場テスト，搭乗員の慣熟のためにリペツクの第4国家航空人材訓練/軍事試験センターに配備された。

メトロノーム

2000年代初頭，ロシア空軍は，現存するSu-24フェンサーDのほとんどをアップグレードして、全体的な戦闘能力を高めるという、異例の方法を選択した。1990年にモジュラー・デジタル改修包括案SVP-24が採用され，ロシアの小さなハイテク企業のZAOジェフェストＩＴ（一般的にはジェフェストとして知られる）が行うこととなった。主要コンポーネントは，GPS/GLONASS衛星航法装置を含む，いくつかの異なるソースから受信した航法データを処理するSV-24デジタル・ミッション・コンピュータと専用のソフトウェアである。位置データは，任務飛行の長短にかかわらず，100～160フィート（30～49メートル）以内で正確に伝達される。そのほかのシステムには，KAI-24P HUD，電子画像修正能力のあるOR4-TMディスプレイ，RVB-Tレーダー画像プロセッサー，UVV-MPデータ・インプット/アウトプット・ユニット，TBN-K-2飛行情報レコーダーがある。当初の改修とテスト業務は，リペツクで「メトロノーム」というコードネームのプログラムの下で行われた。飛行評価においてSVP-24の航法上の精度は通常のSu-24Mの10倍もあった。

この改修によってSu-24フェンサーDの全般的な戦闘時の残存性が40%も高まった。改修は，拠点防空を担う敵の短距離離地対空ミサイルと対空火器（AAA）の交戦可能空域の外側から低高度で兵器を正確に発射する能力を実現した。ジェフェストの基準で行われたSu-24Mの改修は，高度160～320フィート（50～150m）を時速594ノット（1,100km/h）で飛行

空中給油訓練中のIl-78タンカーの後方を飛行する，ロシア海軍航空隊のSu-24M RF-33842ホワイト07号機。（©ロシア国防省）

し，目標から3.2マイル（5km）の距離で上昇した後に，無誘導爆弾を半数必中界（CEP）33 ～50フィート（9～15m）でトス爆撃（無誘導爆弾の爆撃方法であり，機体を上昇させながら爆弾を投下し，爆弾は放物線を描いて落下する）ができるように改修された。Su-24M/SVP-24には，Kh-31A対艦高速ミサイルを搭載できる。ロシア空軍は，Su-24M/SVP-24を1年後に部隊配備することとして，2004年にリペックに同機を送り，テストを実施するように命令した。

2008年に11機分の（モロゾフスクの第559爆撃飛行連隊のために12機分の“地上”器材を加えた）SVP-24改修キットをロシア国防省が3億1,250万ルーブルで発注した。最初の改修機SVP-24，のちのSu-24フェンサーDは，2009年に第559爆撃飛行連隊所属の二つのSu-24M飛行隊のうちの一つに配備された。そして5年後の2014年末までに，ロシア空軍とロシア海軍航空隊の60機のSu-24MがSVP-24に改修された。

機動の自由

SVP-24の導入による最大の利点は，自由に爆弾投下機動が行えるこ

Kh-29T（AS-14ケッジB）TV誘導空対地ミサイルを搭載したSu-24M RF-95928。（©スホーイ）

とだった。Su-24M未改修機は，爆弾を投下するには，当初の航法ポイントから投下ポイントまで水平飛行することが必要であり，一旦，進路を定めれば回避行動はとれなかった。この制限は，爆弾投下飛行時の脆弱性となっていた。SVP-24に改修されたSu-24は，トス爆撃を行う際に，地上からの地対空ミサイルと対空機関砲の脅威を避けるために三次元機動するには何の制限もなく，飛行中はヘッドアップディスプレイにずっと爆弾投下地域が表示されるため自由に爆撃することができた。改修機で飛行するパイロットは，爆弾を垂直方向に投下する際は，ヘッドアップディスプレイの表示の上に機体を維持するだけで，爆弾投下訓練では，バンク角が80度になっても任務を遂行できると発言している。目標位置が既知の場合，攻撃はレーダースクリーン上では目標を視認できない状況であっても電子地図の位置データだけで任務を遂行することが可能なのだ。SVP-24のソフトウェアでは，飛行中の目標変更も可能であり，新たな目標のデータは地上の指揮統制所からの秘匿リンクで受信し，航法表示計上の電子地図に目標のシンボルが表示される。

第3章

Su-25 フロッグフット

アレクサンダー・ムラデノフが，ロシア軍で運用中のSu-25 フロッグフットと，その改修計画の進捗状況を紹介する。

Su-25フロッグフットの開発計画のスタートは，漠然としたものだった。本機は，ソ連空軍士官学校の講師だったイワン・サフチェンコの「操作性，信頼性，高い生存率を備えた安価な近接航空支援機を開発する」というアイデアから生まれた。OKBは，このイワン・サフチェンコの発言から戦場作戦機構想としてまとめ，パヴェル・スホーイによってT-8型機を開発することが承認された。スホーイの設計に対する評価は賛否両論だったものの，アンドレイ・グレチコ元師がこの構想に賛意を表明したことで，それまで勃発していたさまざま議論がここで収束した。元帥は，この作戦機が実戦化されれば，大型攻撃機の必要性はなくなるだろうと予見していた。構想の実現に必要な性能は，1969年にソ連空軍から示されたが，ミコヤンとイリューシンはこの計画から手を引き，残ったスホーイはT-8の改修案で応じることになった。当初，空軍とスホーイとの間には意見の相違があったもののやがて合意に達し，1972年の第1四半期に正式に軽量航空支援攻撃機

（©スホーイ）

計画が始まった。

スホーイSu-25“フロッグフット（カエルの足）”は，外形は不格好だが，頑丈で大型爆弾を投下できるのが特徴だ。そのSu-25は，1975年2月に初飛行し，1980年からソ連空軍の前線部隊に配備された。

本機は，ソ連空軍（のちにロシア空軍）が初めて低高度用近接航空支援機として量産したジェット攻撃機だった。Su-25は単純な構造ながら，安定した性能で生存性が高く，機体幅が比較的狭いので多様な戦闘環境において活躍する近接航空支援機として設計された。1980年代から1990年代にかけて，Su-25は多くの地域紛争で危険な役割を果たす際に，強力で費用対効果の高い武器であることを証明し，21世紀に入ってからもほとんどの運用者に愛用されている。Su-25は，1978年から1990年代まで長期にわたって生産された機体で，生産機数はSu-25が582機，小規模改修型Su-25BMが50機だった。また現在は独立国であるジョージアのトビリシ航空機生産工場（TAM）で，輸出用として性能を抑えたSu-25Kが182機生産された。さらに，少なくとも140機のSu-25UBと複座機のSu-25UBKが，ロシアのウラン・ウデ航空機製造会社（UUAPO）で生産された。生産は，2000年に拡大し，2010年初頭までにTAMで（未完成機Su-25Tを使用した）複座型のSu-25Uが8機，Su-25KとSu-25KMが37機生産された。Su-25は実戦においてその堅牢性と信頼性を証明し，少なくとも2030年代初頭まで，ロシア空軍の地上支援任務を担う攻撃部隊の主軸として残ることが約束された。これは，機体の老朽化に対するさまざまな延命措置と機能性向上改修に負うところが大きく，ロシア空軍用の最近の改修型Su-25SM3は，昼夜間で使用できる目標指定セ

ソ連空軍の名称	NATO報告名	スホーイの名称	備考	初飛行	製造工場と製造期間	生産機数
Su-25	フロッグフットA	T-8 1977年3月9日，ソ連空軍は新たな要求を出した。それは，前縁とエルロンを大型化した翼，翼端ポッドに適合したエアブレーキ，大きな垂直尾翼，コクピットの再設計である。T8-1は，改修され，T8-1Dに再設計されて1986年から生産が開始された。大きエアブレーキ，翼の部材の強化，パラシュート格納庫をチャフ/フレアー・ディスペンサーに，エンジン・ナセルを上へ移動，前方胴体の強化，装甲板の補強，胴体下部の強化が行われた。	1976年6月29日，共産党中央委員会と閣僚会議はT-8の生産を指示した。	T8-1試作機は，NAZで完成し，1975年2月22日にジューコフスキーで初飛行した。改修型T8-1Dは，1976年12月7日にジューコフスキーで初飛行した。	第31工場。トビリシ，ジョージア，1978～1989年。	582
Su-25BM 標的曳航型		礎としたSu-25と同じ構成だが，R195エンジンを搭載し，目標曳航の操作 葡uはコクピットに装備し，目標はパイロンで携行する。				50
Su-25K 輸出型		T-8K			第31工場，トビリシ，ジョージア，1984～1989年	180機をアンゴラ，ブルガリア，チェコスロバキア，イラク，北朝鮮へ輸出。
Su-25UB 練習機	フロッグフットB	T-8UB		1985年8月10日 1989年12月7日，パイロット2名。	UUAPOで1986年から。	多くとも180
Su-25UBK 輸出型						20をアンゴラ，ブルガリア，チェコスロバキア,イラク，北朝鮮に輸出。
Su-25UTG スキージャンプ発艦，フック着艦，基本的な操縦を行う艦上練習機		T-8UTG T-8UTG型に名称を変えたSu-25UB標準型。折りたたみ翼，強化した後部胴体に内装した開閉型着艦フックを装備。		1987年3月にウラ・ウデからジューコフスキーへ，1988年9月に制動フック装備，1989年11月1日に空母「トビリシ」に最初の着艦，1992年に艦載仕様完成。	UUAPO，1989～1990年	10
Su-25SM 改修型			新しい攻撃モードを備えたパンテラ統合航法攻撃システム，カラーマルチファンクションディスプレイ，広角ヘッドアップディスプレイ，INS/GPSナビゲーション装置，腹側のポッドに収納された統合電子システムを備えた新しいデータ表示・制御システムを搭載。			
簡易版 Su-25SM 改修型			バーズを内装した航法/攻撃システム，パステルを内装した電子戦/電子戦支援システムを搭載。	41回のテスト飛行計画。2001年8月～2002年11月	ARZ 121工場	

一部のSu-25UB練習機は，前線にいる攻撃部隊の飛行訓練に貢献した。（©アンドレイ・ツィチュク）

ンサーシステムと近代的な自己防衛装置によって，著しく戦闘能力が向上した。

Su-25の運用寿命は，4,000時間または40年となったが，さらに5,000時間または50年まで延長された。オーバーホールの間隔は，10年から15年に，時間も800時間から1,000時間になった。

輸入機として外国から高い評価を得ているSu-25は，世界的規模で需要が増しており，現在までで17カ国に輸出されている。この輸出機数は増加の一途をたどっており，輸出機には主に航法と兵器投下能力を強化した改修計画がなされている。

Su-25SM改修機

Su-25SM（製造ライン改修型）は，ロシア空軍が採用した最初の改修型の基準となった。その形状は，1990

ロシア空軍は，2030年代初めまでSu-25SMの部隊を現役で維持する予定だ。（©アンドレイ・ツィチュク）

ブデンノフスク空軍基地に配備された第368強襲飛行連隊のFAB 500無誘導爆弾を携行したSu-25が，滑走路に向かっている。（©ロシア国防省）

S-25 330mm誘導ロケット弾を搭載したSu-25 RF-33153号機。（©ロシア国防省）

年代末から2000年代初めにかけてアナログの老朽化したSu-25を汎用品の活用によって低コストでデジタル化を図るという大胆な発想のもとに始まったものであり，コクピットを単純化し，より人間工学的なレイアウトとしたものだ。

Su-25SMには，対戦車攻撃に特化したSu-25TMから取り外したBTs VM-90デジタル・コンピュータを取り付けた，まったく新しいPRnK-25SMバーズ航法/攻撃装置が含まれている。Su-25TMは1990年代末から2000年代初めにかけてプロトタイプの制作とテストが行われたが，量産はされなかった。Su-25のなかで最もアナログな装置と言われるオリジナルのKN-23-1航法/攻撃装置は，新型のデジタル装置に換装されたが，クレンPSレーザー測距/目標指示装置は残された。Su-25SMは，新型のPrNK-25SMによって精密航法が可能となり，その精度は衛星を利用すれば補正されて46フィート（15m）以内，衛星を利用しなければ660フィート（200m）になる。そのような性能を得られたのは，A-737-01 GPS/GLONASS衛星航法レシーバーのおかげだ。Su-25SMで実現した高性能精密航法によって，夜間または悪天候下で目標が視認できない状況にあっても中低高度から，既知の位置情報に基づいて固定された目標であれば水平飛行でも無誘導爆弾による攻撃が可能となった。

新型のKAI-1-01ヘッドアップディスプレイが装備された結果，旧式のASP-17BT-8 EOサイトに比べて視野が2倍にもなった。そのほか

ブデンノフスク空軍基地に配備された第368強襲飛行連隊のSu-25SMは，着陸後に二つの着陸用パラシュートを開いている。（©アンドレイ・ツィチュク）

B-8M1ロケットポッド二基とL-370-3Sレーダー妨害ポッド2基を搭載し，アストラハン地方の訓練空域での攻撃訓練を終えてブデンノフスク空軍基地に着陸するSu-25 RF-84576号機。（©ロシア国防省）

の器材として，デジタル地図と飛行・航法・戦術情報用の多機能コクピット表示がある。一方，R-95Shエンジンには，機関砲やロケット弾の一斉発射の噴流ガスから防護するためのアンチサージ装置がある。

新型のヘッドアップディスプレイと兵器コンピュータ，そしてデジタル航法/攻撃システムを組み合わせることによって，無誘導爆弾を目視照準で投下する際の正確性がグンと向上した。全体的な改修は，2回ないし3回にわたって行われた。ヘルメット搭載キューイングはついていないが，空対空攻撃能力は高度の機動力があるR-73ミサイルと統合することで改善された。Su-25SMの最新の地上攻撃兵器には，B-13パックに装備された破片弾頭と徹甲弾頭の5発のS-13T 130mmロケットがある。さらに，Kh-25MLとKh-29Lレーザー誘導ミサイルも携行でき，水平飛行（未改修型では緩降下でしか行えない）では，1回の飛行パスで二つの目標に2発のミサイルを発射できる。VPU-17Aの中のGSh-30-2 30mm機関砲には，250発の弾丸が

ブデンノフスク空軍基地に所属する第368突撃航空連隊のSu-25UBをクラスノダール地方での攻撃訓練に向けて準備する地上作業員。（©ロシア国防省）

シリアにおけるSu-25フロッグフット

2015年9月にシリアのフメイミム空軍基地に秘密裡に展開したロシア空軍部隊には，南部軍区プリモルスコ・アフタルスク基地の第960強襲飛行連隊に所属するSu-25SM10機，Su-25UB2機の攻撃部隊が含まれていた。Su-25は，2015年から2016年半ばまでに3,500ソーティの戦闘任務を行い，各Su-25SMは250～300時間飛行した。Su-25UBの主要な任務は，搭乗員の再訓練，空域での慣熟飛行，気象点検であり，記録ではちょうど60～80時間飛行した。 Su-25は，シリアでは高度11,500～13,500フィート（3,505～4,115m）の水平飛行で，100kg，250kg，500kgの無誘導爆弾とRBKクラスター爆弾を投下する戦術を基本としていた。最も代表的な兵器は，パイロットが目標を目視確認することなく爆弾を投下するが，そのときは位置を特定した目標に対し，航法装置の計算結果を活用する。パイロットは，計算された爆弾投下地点を指示に従って挿入する。ロシア軍の作戦では，Su-25SMは敵の占領地に潜入しているロシア軍特殊偵察チームから入手した目標情報を有する前線航空統制官と連携して任務につく。特殊偵察チームは，目標の指定と攻撃後の被害を評価するため，しばしば無人機を使う。作戦飛行は，2機編隊，4機編隊，6機編隊で行われ，攻撃は日中に集中し，各機は最大10ソーティ飛行する。Su-25の再発進時間は15分で，その間兵器の搭載，給油，被害の確認，オイル漏れの確認を行う。Su-25SMsはシリアに展開している間，顕著な欠陥報告もなく，その信頼性は十分期待に応えるものであった。ロシアの雑誌『Mホビー』によれば，Su-25Mは反アサド派かイスラム国の兵士によって占領された地域において，与えられた区画で発見した移動中の装甲車や燃料車を攻撃するハンター・キラー作戦を行う。ハンター・キラー任務を付与されたSe-25は，80mmS-8ロケット弾20発を搭載したB8-M1ロケットポッド2個と航続時間を2時間延長するため，4個の燃料タンクを携行する。Su-25Mによる無誘導爆弾の投下の正確性とその効果に関する信頼すべき情報は，ほとんど入手することができない。しかしながら元来，無誘導爆弾の投下は，多くの要素が自由落下軌道に影響を与えるため，正確を期すことは困難である。宣伝データを信頼するとすれば，Su-25SM の半数必中界は，33～50フィート（10～15m）だが，関係筋はこれを確実視してはいない。雑誌『Mホビー』によれば，Su-25SMはほとんどのソーティで各目標に爆弾を一発投下した。250kg（551ポンド）OFAB低速自由落下断片化/高性能爆弾は，シリアでは普通に使用されている爆弾である。Su-25SMの航法爆撃能力は，昼夜間悪天候でも有効である。戦闘の影響力は，主に離陸前に受け取る目標情報の精度，あるいは目標空域で待機中に前線航空統制官が示す情報に左右される。2017年に数機のSu-25SM3がシリアへ向かい，フメイミム空軍基地でロシア空軍の攻撃部隊として展開した。展開した機体は，初期に生産された型であり，シリア戦域で運用できる自己防衛システムが欠けていた。2018年2月3日，マスラン市上空で撃墜されたSu-25SM RF-95486号機は，FIM-92スティンガーMANPAD（個人携行型の防空ミサイル）で撃墜されたと報告されている。この撃墜によって，ビデブスク25を搭載した機体が長期間のシステム改修を終えるまで，ロシア空軍のSu-25部隊はシリアから撤退し，結果としてSu-25SM3のフメイミム空軍基地への展開は，2019年3月まで延期された。伝えられるところでは，この配備はSu-25SM3の戦闘態勢を評価するためだったそうだ。

ブデンノフスク空軍基地を離陸するSu-25。
（©ロシア国防省）

ブデンノフスク空軍基地でSu-25に給油する地上のクルー。
（©ロシア国防省）

装備されており，当初毎分3,000回転だった発射率は，新たに毎分750回転，毎分375回転，毎分188回転に設定され，それぞれの全弾射耗時間は20秒，40秒，80秒と延長されている。改修計画は意図としては最高だったが，当初から一定の遅れが生じた。結局，Su-25SM試作機1号機は，2002年3月5日に初飛行し，飛行テストと評価が2006年にようやく終了した。改修型Su-25SMの最初の生産グループ6機は，正式には2006年12月28日にロシア軍に引き渡された。

ロシア空軍は，2006年から2014年にかけて，84機のSu-25SM（4機のプロトタイプと原型機のうち2機はSu-24SM3標準機へ改修）を受領し，それぞれ一つの機種転換/研究用飛行隊と七つの前線飛行隊に配備した。ロシア空軍は2017年初めまでに6機のSu-25SMを失った。1機は撃墜され，2機は2008年8月の南オセチアでの紛争で大きな被害を受けて登録を抹消され，3機は事故で失われた。新型機Su-25 SMのシリアル番号は，SM-5からSM-43で，2006年から2010年にかけて，Su-25SM1として知られる最初の標準型が生産された。さらに少しの部位を改修したSu-25SM2には，シリアル番号SM-44からSM-79が含まれており，2011年から2014年にロシア空軍に配備された。2014年末に，ロシア空軍は，標準改修型の5機の最終生産機を受領したが，シリアル番号はSM-80からSM-84で価格は1億4,350ルーブルだった。Su-25SMとその後継機Su-25SM3は，航法と兵器発射能力がすべて改良されたにもかかわらず，自動操縦装置と与圧コクピットを欠き，多量の燃料を消費するターボジェット・エンジンを搭載した1970年代の旧式機であった。

プリモルスコ・アフタルスクの第960強襲飛行連隊に配備されたSu-25SM。シリアのフメイミム空軍基地から離陸している。OFAB-250-270無誘導爆弾4発を搭載している。（©ロシア国防省）

ブデンノフスク空軍基地をタキシング中のSu-25。(©ロシア国防省)

Su-25SM3

Su-25SM3は，ロシアのSu-25部隊のなかでは最も洗練された規格となる改修型で，2018年に南部方面のブデンノフスク空軍基地に所属する前線部隊の第368強襲飛行連隊に配備された。Su-25SM3は，2008年夏の南オセチア紛争での苦い経験から再設計された機体で，南オセチア紛争ではSu-25SMと未改修型のSu-25はともに，低高度からロケット弾や無誘導爆弾を投下する際に，個人携行型の赤外線誘導ミサイルの攻撃には極めて脆弱であることがわかった。このため，自己防衛能力と夜間作戦能力を強化することを目的として，改修された機体がSu-25SM3だった。改修には，新たな誘導兵器を運用するための新型のハードウェアとソフトウェアがあった。また近接航空支援シナリオで，前線航空統制官と飛行中の別の航空機と目標情報を交換するための暗号化されたデータリンク(新たなKSS-25通信装置では機能せず，旧式の通信装置とデータ交換システムに交換した)などだ。Su-25SMは，このデータリンクによってロシア空軍のすべての指揮統制システムと連接できるようになった。

Su-25SM3には，SUO-39M火器管制装置とBTsU-25Sデジタル・コンピュータが内装されたPrNK-25SM-1航法/攻撃装置，MFTsI-0332M多機能カラー・ディスプレイ，SOLT-25光学レーザー遠隔サーマル・イメージシステムが装備されていた。Kh-25ML，Kh-29L，S-25L/LDの各レーザー誘導ミサイルに加えて，最新のSu-25SM3には，Kh-29T，Kh-TD，Kh-29TETV誘導ミサイル，KAB-500KrTV誘導爆弾，KAB-500S衛星誘導爆弾を携行できる。さらに，ビテブスク25自己防御システムと連動しているパステル・レーダーホーミング警戒システムの目標情報を使用するKh-58USh対レーダー・ミサイルも搭載。本機は，SpAB無誘導核爆弾2発に代表される核兵器運用能力も引き続き継承されている。

Su-25UBM

複座のSu-25UBM2は，Su-25Mに搭載された航空機材と同様のものを使用しており，特に長引いた開発で苦しんだ機体だった。シリアル番号21をつけたSu-25UBM試作機の初飛行は，2010年12月と報告されており，2011年12月にテストと評価を終えている。2014年春，クビンカの第121攻撃飛行連隊に配備され，分解されて，内容が明らかにされない改修を受けていた。その後，第121攻撃飛行連隊は，Su-25UBM2標準型に改修された機体を装備していると発表した。この機体に内装されたシステムは，何だろうか？　同様に単座機Su-25SM3のミッション機器には，ビテブスク25自己防御機器とSOLT-25目標指定システムが含まれていた。最初の飛行テスト計画では，2015年10月から2016年末までの間に，150回飛行テストを行う予定だった。しかし，ロシア空軍第929国家飛行試験センターは7カ月も遅れ，2016年半ばに飛行テストを開始したものの，終了したのは2年後の2018年。1980年代末から1990年代初期に制作されてロシア空軍に配備されたSu-25UBのうち，構造的なオーバーホールと機体延命同作業によって改修されたSu-25UBM2改修機の機数は明らかにされていないものの，2018年後半にロシア空軍へ初度配備された。

2機編隊で離陸するSu-25。（©ロシア国防省）

コクピットには，新型のBIヘッドアップディスプレイ，付随している小型ディスプレイで拡大して見えるMFTsI-0332M多機能カラーディスプレイ，BSKIデジタルマップモジュール，GPS/GLONASSに連動したPPA-S/V-06衛星航法システムがある。Su-25SMに搭載されている主要装備は，クラスノゴルスク技術工場で開発された，SOLT-25赤外線/電子光学・レーザー目標探知・指定システムで，目標指定の基本となる装置である。本システムの重さと形状ともに，改修前に装着されていたクレンPSレーザー測距/目標指定装置と同様のため，装着位置は従来と同様に機首に組み込まれることになった。16倍のズームのSOLT-25 TVチャンネルは，8km（4.3海里）までの目標探知と目標追随機能を有し，パイロットは目標を選択してレーザーTV誘導ミサイルかTV誘導ミサイルを指向すればいいだけだ。

2020年2月，ロシア国防省は，Su-25SM3のパイロットを，グバァルデイスコエ空軍基地の第37混成飛行連隊に配属したことを発表した。Su-25SM3は，夜間でも探知ゾーンの外から超低高度で目標を探知できる最新のSOLT-25地形航法システムを装備している。Su-25SM3の模擬攻撃訓練は，山岳地帯や森林に配置された防空部隊に対して行われている。

自己防御装置の強化

サマラのエクラン技術科学研究所が開発したビテブスク25自己防御装置は，L-150-16Mパステール・レーダー警戒ホーミング・システム，紫外線ミサイル接近警戒センサー，UV-26M対電子散布装置（26mmと50mmのチャフとフレアを散布する），7GHzから10GHzまで対応でき，翼端に装着する二つのポッドのL-370-3Sレーダー・ジャミング・システムで構成されている。

ミサイル接近警戒装置は，ザハバット多数スペクトラル・システムである。紫外線センサーは，大気の低層をカバーし，機首下のセンサーは前方覆域をカバーし，2台の後方

Su-25SM3性能諸元

全幅	14.36m (47フィート1インチ)
全長	15.53m (50フィート4インチ)
全高	4.80m (15フィート9インチ)
翼面積	34.7㎡ (362.75平方フィート)
最大離陸重量	17,530kg (38,636ポンド)
標準離陸重量	14,530kg (32,034ポンド)
機内燃料	3,000kg (6,614ポンド)
外部燃料	2,464kg (5,618ポンド)
海面最大速度	512ノット(950km/h)
無武装最大速度	540ノット(1,000km/h)
最大攻撃速度	372ノット (690km/h)
着陸速度	110ノット(205km/h)
離陸速度	119ノット(220km/h)
実用上昇限度	22,960フィート(7,000m)
上昇率	197フィート/秒 (60m/S)
航続距離	(2,000kg爆弾，機内最大燃料)：510km (275海里)
最大航続距離，燃料タンク×4	1,900km (1,025海里)
離陸距離	500m (1,640フィート)
制動パラシュート使用時着陸距離	700m (2,296フィート)
G制限 (爆弾1トン携行時)	+6.2

複座型のSu-25UBを改修したSu-25UBM2標準型。（©アンドレイ・ツィチュク）

/側方監視センサーは，尾翼下のV字型器材に装備されている。搭載容積の不足により，Ka-25攻撃ヘリコプターで使用されている指向性赤外線ジャマーが内装されているビテブスク25は搭載されていない。

ビテブスク25の一つで，胴体下に装備されている二つのUV-26M対電子散布装置は，（下方に発射する）28のチャフ・フレアー・カートリッジと尾翼後部のエンジンナセルに装備された256発の26mmの上方散布装置を使用。Su-25の主任設計技師のウラジーミル・ババクによれば，ビテブスク25は，2種類のフレア数が増大したため，同時に接近する6発の赤外線誘導ミサイルに対抗できるのが特徴だそうだ。このシステムは，ミサイルの接近方向に応じて自動的に多様なフレアの発射順を選択できる。KSS-25は，秘匿データリンクを有する新型の通信装置で，地上の指揮統制組織やほかの航空機と戦術情報を交換できる。最初のSu-25SM試作機Su-25SM3-01は，Su-25SM-04試作機（シリアル番号10095）を再構築したもので，2011年にテスト飛行が始まった。しかしテストと評価では，新機材の完成度が低く，計画を大幅に遅らせる見込みとなることがわかった。このことは，特にSOLT-25地形航法システムに関して顕著だった。Su-25SM3-01は，機体の生産ラインを改良するための原型機になった。

ロシア国防省は，2015年12月にモスクワ近くのクビンカにある第121航空機整備工場に対して5機のSu-25SMを発注した。

第4生産グループの新たな識別番号Su-25SM3-06が与えられたシリアル番号レッド50の機体は，2016年10月にクビンカで改修後のテスト飛行を行った。Su-25SMの5機はすべて2016年12月に部隊配備を終えた。全機の一括価格は，レーダー電子妨害ポッドL-370-3Sシステムを除いて，3億5020万ルーブルだった。Su-25SM3の最初の生産グループは，2000年代半ばに生産されたSu-25SMの機体を流用した。

9機のSu-25SM3が含まれ，一括価格が33億4,100万ルーブル（1機3億7,100万ルーブル）だった2番目の生産グループは，2016年半ばに第121航空機整備工場に移動した。ロシア国防省は，2020年までにSu-25SM3を45機調達すると発表した。改修機のうちの何機かは，Su-25とSu-25BMの基本型となり，ついでSu-25SM3へと改修された。

SVP-24-25改修機

ロシアの航空機整備工場のうち，少なくともヴォズドヴィデンカの第322航空機整備工場とエフパトリアの航空機整備工場の2カ所は，ロシア空軍のためにSu-25単座機と複座機のオーバーホールと運用寿命の延命計画を実施した。結果として，2019年末までにロシア前線空軍の攻撃部隊は，100機から110機のSu-

25SMとSu-25SM3を運用し，複座のSu-25UBM2は数機，Su-25とSu-25UBは50機を改修した。これらの機体はすべてではないが，大部分は航法と兵器投下性能を改良した，より安価な標準型なので注目を集めた。運用寿命を延長した（改良型と非改良型の）Su-25は，少なくとも10年から15年は使用できる。非改良型は，ジューコフスキーにあるガフェストITで，新しいSVP-24-25航法/攻撃システムを受領した。SVP-24-25は，Su-24Mフェンサー，Su-33フランカー，Tu-22M3バックファイアに搭載されて実戦で証明された機材の派生型である。

SVP-24-25パックは，GPS/GLONASS衛星航法レシーバー，KAI-24Pヘッドアップディスプレイ，新たなハードウェア機器，異なるソースから受信した航法データ専用のソフトウェア，高精密デジタル地図，地形標高モデルと連接した新型のSV-24デジタル・ミッション・コンピュータが内装されている。

このシステムは，航続距離に関係なく，100～160フィート（30～50m）以内で正確な位置情報を提供する。結果として，SVP-24-25は無誘導兵器発射時の正確性を劇的に向上させた。無誘導爆弾を水平飛行中か三次元機動中に投下したときの半数必中界（CEP：発射した半数の着弾が見込める範囲。平均誤差半径）は，33～50フィート（10～15m）と宣伝されており，低高度任務で対空火器を排除するには有効だ。パイロットからは見えない既知の位置にある目標を攻撃する場合は，電子地図から配信される高度に正確な位置データを利用して侵入しなければならない。SVP-24-25ソフトウェアは，地上の指揮統制組織からの秘匿データリンクによって新たな目標情報を受信すれば，飛行中でも直ちに目標の再指定ができる。データは，コクピット内の電子マップ上にシンボルとして表示される。SVP-24-25航法/攻撃装置の改修型でシリアル番号73を装備しているSu-25BM試作機は，2015年7月にリペツクの戦闘訓練センターで見られた。そのとき，ガフェストIT会長アレクサンドル・ベニンは，ロシア空軍がSVP-24-25航法/攻撃装置を2015年の飛行テスト終了をもって部隊に全面配備することを主張したが，飛行テストは当初の計画より2016年初頭まで遅れたため，ロシア空軍第929国家飛行試験センターは，いわゆる特殊飛行テストとして引き継いで改修を評価することになった。そのため，部隊配備がさらに遅れることになった。

2019年8月，ロシアのタス通信は，Su-25SM3は，GLONASS衛星航法システムのSVP-24-25技術（SVP-24ガフェストの一つ）を装備していると報道した。タス通信は，この機体は昼夜問わず小型目標の攻撃能力を有し，ほかの機体と比較してSu-25SM3の戦闘効率を3倍に改善したと報道している。

第4章
Su-27フランカー

スホーイSu-27フランカーは，高性能戦闘機を開発し続けるロシアの優れた技術力を示すシンボル。ピョートル・ブトウスキがSu-27を細部まで調査し，解説する。

OKBが，ソ連空軍のために先進戦術重戦闘機を開発する任務を与えられて約50年が経過した。T-10の設計を正式に指示された要求内容は空中戦，迎撃，攻撃部隊のエア・カバー，爆撃機や偵察機の援護，航空偵察，限定的な空対地攻撃の任務など。OKBの機体は，弓型断面の翼と機体形状が一つの特徴で，もう一つは翼面積を拡大するために翼と一体化した胴体，そして翼の前縁基部を拡張設計したことだ。この二つの

2012年の「ピッチ・ブラック演習」でダーウィンに飛来したインドネシア空軍のSu-27SKM（カメラ近くの機体）とSu-30NK2を迎える2機のオーストラリア空軍F/A-18ホーネット。（©オーストラリア空軍/シェーン・ジダル）

特徴は，遷音速と超音速域での飛行性能を安定させるもので，これはOKBとしては新機軸の設計思想だった。

1969年12月，アメリカ空軍は将来の制空戦闘機として，マクダネル・ダグラス社F-15戦闘機を選定した。同年，ソ連は未来の戦術戦闘機を発表し，以下のような要件で指定した。最大速度は時速1,350～時速1,460ノット（2,500～2,700 km/h），海面上で時速755～時速810ノット（1,400～1,500km/h），上昇率は毎秒985～1,150フィート（毎 秒300～350m），航続距離は2,500km（1,350海里），海面上・増加燃料タンクなしで1,000km（540海里）だった。コンペティションに参加したのは，スホーイはSu-25，ミコヤンはMiG-29，ヤコブレフはYaK-45とYaK-47だった。機種が決定される前，ミコヤンの設計者は，彼らのMiG-29はSu-27に負けると思い，新たな2種の新戦闘機の開発を提案した。それは，重戦闘機Su-27（F-15に対抗）と，小型化した軽量戦闘機のMiG-29で，MIG-29は当初は（F-16に対抗する）重戦闘機だった。この提案は1971年に受け入れられ，正式にMiG-29とSu-27の開発が命ぜられた。

最初のSu-27は，OKBがT-10として開発した機体であり，翼は弓型断面の前縁と揚抗比を低減させた形状だった。飛行する際に翼は揚力と共に抵抗力を生じる。風洞実験で使用

輸出用デモンストレーション機Su-27SMで機体番号は305。2003年にコムソモリスク・ナ・アムーレでの初飛行。(©スホーイ)

ソ連空軍の名称	NATO報告名	スホーイの名称	備考	初飛行	製造工場と製造期間	生産機数
	1982年,NATOはT-10をフランカーと名付けた。	T-10	ソ連においてフライ・バイ・ワイヤ操縦装置で初めて静的不安定性を得た機体。	T10-1試作機は1977年,T10-2は1978年初め,T10-3は1978年8月23日,T10-4は1979年10月31日。		
	公式テストが終了した後に再設計された。公式テストでは,航空電子機器が重すぎること,エンジン推力あたりの燃料消費(推力と燃料消費の比率)がとても悪いこと,楕円形翼と垂直尾翼が非効率であることがわかった。	T-10S	離陸と空中戦闘間の翼荷重を少なくするため翼面を拡大した型。 ●LERX外側の前縁を直線にして部分的に正常化 ●フラッター翼化 ●全翼前縁フラップを増加 ●分離していたエルロンとフラップをフラッペロンに交換 ●垂直(傾きはない)翼を前方へ移動し,針路と高攻撃角の操作を改善するために安定板のブームを外側に移動 ●前方へ格納する前脚を設置 ●主脚を利用したエアブレーキに代わって背部に巨大エアブレーキ設置 ●平らなビーバー型垂直尾翼を後方円形針部と燃料タンクに交換	T10-S試作機(7番機)のT10-7は1981年4月20日。		
Su-27	フランカーB		1990年8月23日に共産党中央員会と閣僚会議でSu-27として生産することを指示した。	1982年5月26日,T-10-17を改修した最初の生産型T-10Sが初飛行。		
Su-27P	フランカーB	T-10S	データリンクを装備した初めてのソ連機。	1989年	1989年から	
Su-27SK 輸出型	フランカーB	T-10SK	脚を強化した型。	1992年		中国,ベトナム
Su-27UB 戦闘可能な 練習機	フランカーC 上級者の飛行訓練,機種転換訓練,昼夜間IFR/VFR慣熟訓練用。	T-10U	新型に変更,前翼の40%,上部胴体の 70%,並列複座型コクピット。	1985年3月10日	IAPO,イルクーツク	

2014年にバルト海上空でイギリス空軍のタイフーンに迎撃されたSu-27P RF-92407レッド11号機。機体は，コティロボ・ボリソフスキー空軍基地の第790戦闘飛行連隊所属機。（©イギリス国防省）

されたT-10試作機は，マッハ0.85で揚抗比は12.6だった。原型機の形状は，降着装置を前後に配置，空力的には極めて斬新な設計であり，これを最優先としたために，通常航空機として設計する際に考慮すべき多くの事項を犠牲とせざるを得なかった。そのため，失敗は免れられないものの，生産工程の簡素化という観点からは合格だった。機体を構成していた二重曲線は，連続した単一曲線に代わり，問題の多かった前後に配

ソ連空軍の名称	NATO報告名	スホーイの名称	備考	初飛行	製造工場と製造期間	生産機数
Su-27UBK 輸出用戦闘練習機型	フランカーC	T-10UBK				中国，ベトナム
Su-27SKM	フランカーB	T-10SK	精密誘導兵器搭載型，兵器とシステムを改修 ●新型のコクピット表示 ●地上追随と合成開口にレーダーを改良 ●新型EO/IR空対地モードによる目標指定システム	2003年		
Su-27SM 改修型	フランカーB	T-10	KnAAPOで製造された最初のSu-27改修型，キャノピー前方のIRSTボールは右へ移設し，AL31F-M1エンジンを改修。	2002年12月27日		
Su-27K 艦載戦闘機型	フランカーB	T-10K	動力で翼と安定板を折りたたむ型。 ●制動フック ●前脚の強化 ●前脚の双輪化とテレスコープ型のストラットに交換 ●ハンガーデッキのための垂直尾翼の小型化 ●チップを折りたたむために針部を短し、制動傘収納庫を除去 ●折りたたみ式ピトー管 ●翼の後縁のねじれはスパン・ジョイントの半分と同期 ●二つのスロット付き二重結合型後縁フラップ。一つは翼の内側に設置、もう一つは折りたたみ式の外則のフラッペロンに設置。機体前部に小カナードが1枚付く ●翼の前縁基部を拡張して成型	1987年8月17日にT-10K-1試作初号機。1989年11月1日に初めて空母に着艦した。		

置されていた着陸装置は3点支持のものに変更された。T-10の形状は緩やかな曲線を描いた後退翼の主翼をもつ機体であり，ソ連の航空機として初めてフライ・バイ・ワイヤによる飛行制御を試みた画期的な機体だったが，空中での安定性が著しく不安定で，機体制御をつかさどる電子機器の信頼性も低く，また操縦安定性も極めて低く危険なものだった。

モスクワにあるOKBが設計した最初の試作機T-10-1は，1977年5月20日にジューコフスキー飛行場で，スホーイの主任テスト・パイロットのウラジーミル・イリューシンによっ

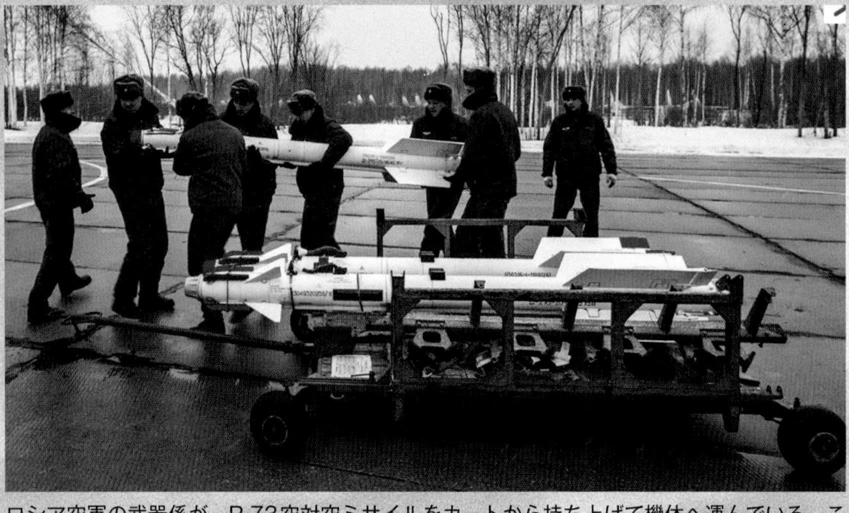

ロシア空軍の武器係が，R-73空対空ミサイルをカートから持ち上げて機体へ運んでいる。この写真は，第59戦闘飛行連隊の母基地であるペトロザボーツク・ベソベッツ空軍基地で行われた「ラドガ2019演習」での撮影。

て初飛行した。

1979年にアメリカ国防総省は，初めてT-10（Su-27）の存在を発表。T-10は，いったんソ連の研究試験施設に移動したため，アメリカ国防総省はT-10を便宜的に「ラムK」と命名した。「ラム」はモスクワ州のラメンスコエの頭文字をとったものである。その後，（オーストリア，カナダ，ニュージーランド，イギリス，アメリカが代表を務める）航空関係標準化調整委員会がT-10のNATO報告ネームを「フランカーA」と命名した。

1983年11月，アメリカ国防総省は，T-10の写真を初めて公に発表したが，画像は衛星が捉えたもので，画質が著しく悪かった。T-10の姿をはっきり捉えた良質な画像は，1985年7月21日にソ連のテレビで放映された。パヴェル・スホーイの記録フィルムのなかの10秒間の初飛行で，T-10-1の存在が明らかになった。T-10-1は，テレビ放映後，まもなくして除籍され，モスクワ近くのモニノにあるロシア連邦空軍博物館に展示された。

©スホーイ

急進的な再設計

1976年1月，Su-27開発計画は，のちにOKBの技術部長となるミハイル・シモノフが担当することになった。シモノフは，それまでSu-27を担当していたわけではないが，大きな再設計が必要だと確信していた。T-10は設計性能を達成しなかった。それは，新戦闘機に必要な装備が予想よりも重く，Al-21F3エンジンは，要求よりも多量の燃料を消費したからだった。スホーイは，T10-1が初飛行する前に完全に再設計を施したT-10Sを開発した。T-10Sを開発した目的は，機体の空力的な抵抗係数を減らすことで，そのため設計者は翼の曲率を減らす必要があった。しかし，機体抵抗は減少したが，逆に機体は浮きやすくなり，高い迎え角をとるようになったため，前縁にフラップを取り付けるとともに前縁を延長しなければならないなどの作業が生じてしまった。T-10の翼は一点で交差する2本のカーブで構成された弓型断面になった。後縁にある従来からの補助翼とフラップは，これを一体化したフ

ジェギレヴォ飛行場で行われた「アビアダーツ演習2018」でのSu-27SM3 RF-95143号機。（©ロシア国防省）

ラッペロンに交換して両方の機能を併せもつようにした。T-10Sのそのほかの改良点は，翼面積を20%削減したことだ。またその改良には主脚の再設計，エンジン・ギアボックスのエンジン上部への移設，胴体中央部の多くの空力的改修も含まれていた。ギアボックスの移設に伴い，垂直尾翼も移設した。結局，T-10Sでは尾ひれを下げて，両側のやや前方外側へ移設したことで方向舵の操縦性能が改善された。これは迎え角が大きくなった場合でも飛行制御を容易にするためだ。その代わり，小さくなった腹びれを垂直尾翼で補った。T-10では，エンジン・ナセルの上に尾ひれを傾けて設置していた。脚部を再設計した際，エアブレーキに新たな解決策が講じられた。以前は，主脚ドアをエアブレーキとして利用していたが，T-10SはF-15イーグルのようにエアブレーキを背部に設置。モスクワのスホーイ工場で最初の改修機が完成する直前に10機のT10S-1試作機が完成した。完成したT10S-1は，1981年4月20日にウラジーミル・イリューシンの操縦で初飛行した。だが，初飛行した機体は9月3日に墜落している。

KnAAPOは，T-10計画には当初から参加しており，ただちに生産を開始する準備を整えた。最初の量産機Su-27の仕様は，T-10S（NATO報告ネームは「フランカーB」）で，1982年6月2日にコムソモリスクで飛行した。1985年3月7日，コムソモリスクで複座のSu-27UBフランカーC（戦闘訓練型）が初飛行した。KnAAPOで5機のSu-27UB戦闘訓練型が製造され，IAZに移動して完成したが，そこは，戦闘爆撃機MiG-27フロッガーの生産が終わったばかりだった。IAZで完成したSu-27UB初号機の初飛行は，1986年9月10日に行われた。ほかの複座型戦闘爆撃機と比較すると，MiG-29はいい例だが，Su-27UBも同様に高性能火器管制装置を搭載していた。座席を前後に配置した複座機のコクピットを採用したことで，燃料タンクが犠牲になった。高くなった前部胴体を補償するため，垂直尾翼が高くなり，背部のエアブレーキが大きくなったのだ。これらの変更によって，Su-27UBは単座のSu-27に比べて性能が低下したと言える。

すべて新しい機体

Su-27のデザインに責任を負っていた技術者と空力学者は，機体の形状について二つの重大な決定をした。第一の決定は，翼と胴を滑らかに設計し直すことで，胴と翼を一体化した機体（ロシアでは一体化胴体として知られる）となり，これにより揚力抗力比が高くなるとともに，燃料や装備の搭載容積が確保できた。

第二の決定は，縦方向の静安定を低下させることでより高い機動力を得ることを狙いとしたものであった。レーダーを含む主要装備が前方胴体に内装され，予想より重くなったことでこの目的は完全には達成されなかった。静安定を低下させた機体は，機械的な操縦システムでは制御できないので，縦方向の操縦に特化したフライ・バイ・ワイヤが開発された。Su-27は，ソ連がフライ・バイ・ワイヤを採用した最初の機体になった。しかし，機体の形状はSu-27で唯一，新機軸ではなかった。ほかにも，新型エンジン，火器管制装置，兵器も同様であった。

1975年，アルキップ・リュルカ（現サターン）エンジン工場の設計チームは，Al-31Fイズデリエ99ターボファン・エンジンを開発した。AL-31Fに要求された性能は，推力はアフターバーナーを使用して122.58キロニュートン（27,557ポンド），推力重量比は8.1，巡航時の燃料消費は，時間あたりの燃料（ポンド）/推力（ポンド）0.60，燃料（グラム）/推力（キロニュートン）は61だった。推力と重量に対する要求は達成されたが，最小燃料消費は，時間あたりの燃料（ポンド）／推力（ポンド）は0.67（最大0.78，アフターバーナー使用時1.96）まで増加した。新

R-27ミサイル性能諸元

	R-27R	R-27T	R-27ER	R-27ET	R-27P	R-27EP
終末誘導	セミ・アクティブ・レーダー	赤外線	セミ・アクティブ・レーダー	赤外線	パッシブ・レーダー	パッシブ・レーダー
ミッド・コース補正	あり	なし	あり	なし	なし	なし
最大射程	60km（32マイル）	50km（27マイル）	95km（51マイル）	90km（48マイル）	72km（39マイル）	110km（59マイル）
最小射程	500m（1,640フィート）	500m（1,640フィート）	500m（1,640フィート）	500m（1,640フィート）	2,000~3,000m（6,562~9,843フィート）	2,000~3,000m（6,562~9,843フィート）
最大目標高度	25,000m（82,000フィート）	24,000m（79,000フィート）	27,000m（89,000フィート）	30,000m（98,500フィート）	20,000m（66,000フィート）	20,000m（66,000フィート）
最大目標G荷重	8	8	8	8	5.5	5.5
重量	253kg（558ポンド）	245kg（540ポンド）	354kg（780ポンド）	347kg（765ポンド）	248kg（547ポンド）	346kg（763ポンド）
弾頭重量	39kg（86ポンド）	39kg（86ポンド）	39kg（86ポンド）	39kg（86ポンド）	39kg（86lポンド）	39kg（86ポンド）
全長	4.08m（13フィート5インチ）	3.79m（12フィート5インチ）	4.78m（15フィート8インチ）	4.49m（14フィート9インチ）	4.00m（13フィート1インチ）	4.70m（15フィート5インチ）
胴体幅	230mm（9.1インチ）	230mm（9.1インチ）	260mm（10.2インチ）	260mm（10.2インチ）	230mm（9.1インチ）	260mm（10.2インチ）
翼幅	772mm（30.4インチ）	772mm（30.4インチ）	800mm（31.5インチ）	804mm（31.7インチ）	772mm（30.4インチ）	804mm（31.7インチ）
フィン幅	972mm（38.3インチ）	972mm（38.3インチ）	972mm（38.3インチ）	972mm（38.3インチ）	972mm（38.3インチ）	972mm（38.3インチ）

ウクライナ空軍の数少ないSu-27。ミルゴロド空軍基地の第831 防衛戦術飛行旅団所属機。（©ピョートル・ブトウスキ）

型エンジンの開発は，新型航空機の開発よりも時間がかかるため，T-10試作機にはSu-17とSu-24で使用したAL-21F3エンジンを搭載した。AL-31Fエンジンは1985年に，T-10Sと共に性能評価を受けた。

ジューコフスキーにあるティホミロフNIIPのヴィクトル・グリシンが率いるチームは，垂直面は電子走査，水平面は機械走査の新型レーダーを開発した。当初，NIIPは，MiG-31用としてザルソンと名付けた電子走査レーダーを製造していた。しかし，Su-27用の新型レーダーの開発は失敗に終わった。戦闘機に搭載するには重すぎたのだ。1982年に電子走査レーダーの開発は取り止め，モスクワに本拠を置くライバル機関のファゾトロンNIIPが当時開発していたN019レーダーと，統一された新しいN001レーダーが，Su-27用に発注された。N001レーダーは，N019と同じカセグレン・

背中のエアブレーキを開いて着陸進路を飛行するSu-27S RF-90746号機

アンテナを使用しているが，N019よりも直径が大きく，送信器が強力だった。その実，そのほかの構成部品もN019と共通のものを使用していた。

Su-27のハサンS-27（イズデリエSh101）火器管制システムは，2台のTs100コンピュータで構成され，次の機材を含んでいる。

- ●RLPK-27（イズデリエN001）ミエッチ・レーダー・システム
- ●OEPS-27と融合させたOEPS-27電子光学サイト・システム
- ●SEI-31-10ナルシス・データ指示システム・パロルIFF質問器

R-73 性能諸元

全長	2.90m（9フィート6インチ）
全幅	510mm（20インチ）
フィン幅	385mm（15インチ）
胴体幅	170mm（6.7インチ）
重量	105kg（231ポンド）
弾頭重量	7.4kg（16ポンド）
前方最大射程	30km（16海里）
後方最大射程	14km（7.5海里）
シーカー最大距離	10～12km（5～6海里）
前方最小射程	650m（2,133フィート）
後方最小射程	300m（984フィート）
目標高度	20,000～22,000m（65,600～72,000フィート）
最大目標G荷重	12g

Su-27フランカーB 性能諸元

全幅：14.7m（48フィート3インチ）

全長（プローブなし）：21.93m（72フィート）

全高：5.93m（19フィート6インチ）

全高Su-27UB：6.36m（20フィート10インチ）

翼面積：62㎡（667.8平方フィート）

尾翼幅：9.88m（32フィート5インチ）

ホイールベース：5.88m（19フィート4インチ）

ホイールトラック：4.34m（14フィート3インチ）

空虚重量：16,380kg（36,112ポンド）

離陸重量、標準燃料、R-27 2発、R -73 2発搭載:23,430kg（51,654ポンド）最大離陸重量:28,300kg (62,391ポンド)

最大制限離陸重量：30,450kg (67,130ポンド)

最大制限離陸重量、主脚強化型：33,000kg (72,752ポンド)

最大着陸重量：21,000kg (46,297ポンド)

最大制限着陸重量：23,000kg (50,706ポンド)

最大速度、マッハ1.96（2,400km/h）、海面上、無武装：マッハ1.14 （1,400km/h）

実用上昇限度（無武装）：18,500m（60,000フィート）

G制限：+9G

離陸距離：450～700m（1,476～2,297フィート）

着陸距離：620～700m（2,034～2,297フィート）

最大航続距離、R-27 2発、R-73 2発搭載（低高度）：1,340km（725海里）

最大航続距離、R-27 2発、R-73 2発搭載（高高度）：3,530km（1,905海里）

戦闘行動半径、高高度：1,090km（589マイル）

戦闘行動半径、低高度：420km（227マイル）

エンジン：リュルカ・サターンAl-31Fターボファン・エンジン2発、各75.2キロニュートン（16,909ポンド）、各122.6キロニュートン（27,558ポンド）アフターバーナー

機内燃料：最大9,400kg（20,723ポンド）

アストラハン・プリヴォルジュスキー空軍基地で，投光照明で照らされたR-27ER空対空ミサイルを搭載したSu-27 RF-95516号機ブルー 01。（©ロシア国防省）

- SUO-27兵器管理システム

RLPK-27は，対向する目標に対し，レーダー反射断面積が3平方メートルの戦闘機サイズの目標を85～100km（45～54海里）で探知できる，ルックダウン/シュートダウン能力を有するパルス・ドップラー・レーダーで，後方から追尾する目標に対しての探知距離は，30～40km（16～21海里）。目標追尾能力は10目標で，そのうち2目標と同時に交戦できる。

OEPS-27電子光学目標探知システムには，以下の装置が含まれる。

- OLS-27赤外線捜索測距システムはレーザー距離測定器との組み合わせで，後方50km（27海里），前方15km8海里を探知できる。
- シュシェル3Uヘルメット搭載キューイング・システム
- SEI-31-10ナルシス・データ指示システム（オービタ20コンピュータ）。ILS-31前方表示ディスプレイ，IPV戦術表示

Su-27のレーダー，外線捜索追尾システム，ヘルメット搭載キューイング・システムは，最も革新的で戦術的に有効な火器管制システムである。これにより，赤外線捜索追尾システムで追尾している目標が雲に入ると，その後の追尾はレーダーで行う。

Su-27の近接航空支援能力の大部分は，ソ連で最初に開発されたシュシェル3Uヘルメット搭載キューイング・システムによるものであり，ウクライナのキエフにある兵器工場が設計し，製造した。目標は十字線で狙いをつけ，パイロットの頭の動きに応じて自動的に目標を追尾する機能があり，目標指定の情報はパイロットのバイザーとコクピットに表示される。さらに，R-73ミサイルの追尾のシーカーは，機体がどのような姿勢であってもパイロットの頭の動きを追うことができ，目標の追跡にはパイロットの調整操作は必要としないというものだ。

Su-27は，サブシステムから構成されたPNK-10-02航法システムが装備されている。それには，SAU-10-01自動操縦装置と2台のRV-21高度計がついた911-01航法サブシステム，ARK-22ラジオ方向指示器，MRP-76ビーコン受信機，クヴィトク1 LORAN，TACAN，SO-72トランスポンダーがある。また2台のデータリンクも装備されている。TKS-2-27データリンクは秘匿リンクで16機のSu-27のグループオペレーションが可能でスペクトル1データリンクは地上のレーダー基地から目標情報を受領することができる。

R-27ミサイル

ソ連は，Su-27とMiG-29用に2種類の空対空ミサイルを開発した。視程外射撃ミサイルのR-27と中距離ミサイルのR-73だ。

ヴィンペルR-27ミサイルは，1979年にMiG-23MLフロッガーGで最初に発射テストを行った，ロシアの主力中距離空対空ミサイルである。1983年，ウクライナのキエフにあるアルテム工場がすべてのR-27の製造を引き継いだため，ロシアには製造工場はない。

R-27の生産モジュールは，中央胴体部に舵，自動操縦装置，電源，弾頭，ヒューズがあり，取り替え可能な二つの後部胴体には，モーター，翼，異なる前方シーカーが装備されている。底部より先端が広い蝶型のひれは，このミサイルに取り入れた新しい試みであり，抵抗を低減し，ミサイルの終末段階の機動性を向上させる。

最初の二つの型（公式には1987年に受領し，生産は1983年から始まっていた）は，セミ・アクティブ・レーダー誘導のR-27R（Rはラジオの意味）とパッシブ・赤外線誘導のR-27T（Tは熱の意味）だった。三番目の型にはパッシブ・レーダー誘導のR-27P（Pはパッシブの意味）もSu-27に搭載された。

R-27E（Eはエネルギーの意味で，公式には1990年に採用）型は，より強力な二重パルスエンジン（標準型R-27は一重パルス）を搭載したことで，飛距離と速度が著しく向上した。R-27Eの飛距離を向上させた派生型は，セミ・アクティブ誘導のR-27ER，赤外線誘導のR-27ET，パッシブ・レー

ダー誘導のR-27EPだった。R-27Rの最大飛距離は60km（32マイル）で，飛距離を延長したR-27ERは95km（51マイル）。しかし，高度が低ければ，ミサイルの飛距離は短くなるため，実際の戦闘でこの飛距離を得ることは困難だ。また別の要因としては，Su-27と目標の相対速度が挙げられる。Su-27が敵の前方から接敵する場合は，速度が早ければ早いほど飛距離は伸び，敵の後方から追尾するときは，飛距離は短くなるからだ。たとえば，高度33,000フィート（10,000m）で飛行するSu-27に最大飛距離95km（51マ海里）のR-27ERミサイルを搭載し，485ノット（900km/h）で飛翔する目標に発射した場合，実際の飛距離は，前方接敵で60km（32海里），後方接敵で30km（16海里）である。高度16,000フィート（4,877m）では，飛距離はそれぞれ40km（21海里）と18km（10海里），高度3,000フィート（915m）では，それぞれ26km（14海里）と10km（5海里）に減少する。また，ミサイル・シーカーの制限も考慮しなければならない。たとえば，R-27TとR-27ETは，発射前にロックオンするが，それはミサイルの飛距離がシーカーの探知距離以上にならないことを意味している。目標の機動と電子妨害によってもミサイルの飛距離は影響を受けるのだ。

R-73ミサイル

R-73は，全方位赤外線シーカーを搭載した最も小型のミサイルとして設計された。当初の設計は，1976年にモスクワのモルニヤ科学生産工場（NPO）で開始された。NPOの後は，1982年4月にブランのスペース・シャトル開発工場に仮配置され，モスクワのヴィンペル科学生産工場に送られた300人のミサイル専門家と共にこれを完成させた。R-73の生産は，1982年に開始され，1983年11月5日に正式に生産命令が与えられた。ソ連時代，R-73は，モスクワのドクス工場とジョージアのトビリシ国家航空機工場の2カ所で生産された。

R-73は，ソ連崩壊後もドクス工場で生産が続けられた。ソ連時代に生産されたR-73の数は不明だ。だが，R-73は1990年初頭までに合計6,000発生産された。1992年以降は，1万発以上輸出されたが，ロシア空軍には1発も配備されなかった。R-73は，前翼の空力特性を研究し，胴体前方に十字形に配置した4枚の三角ひれ，エンジン周辺には4枚の台形翼を取り付けた。

印象深い戦術的性能として，発射したミサイルはガスと空気力学を組み合わせた制御装置によって，迎え

Su-27UB 性能諸元

最大速度	マッハ 1.73（2,125km/h）
最大速度（海面上）	マッハ 1.06（1,300km/h）
着陸速度	124海里（230km/h）
G制限	8.5G
実用上昇限度	17,500m（57,400フィート）
最大航続距離（無武装、1,620 海里）	3,000km
最大航続距離（無武装、海面上）	1,200km（648 海里）

補助燃料タンク

これまでOKBの関係者を除いて，だれもSu-27の機外燃料タンクを見た者はいない。これはSu-27の機体が翼胴一体化を図った設計だったため，機体内に戦闘行動半径を満たす以上の燃料積載が可能なスペースをもっていたためだ。具体的にSu-27の戦闘行動半径を満たすには5,270kg（11,618ポンド）の燃料が必要だが，実際に機体に積載可能な燃料量は合計で9,400kg（20,723ポンド）だった。これは，静的データを示すだけのことを意味するものではない。設計チームは機体の強度を検討するに際し，燃料タンクに燃料を80%入れた状態で，飛行中の機体が8Gの荷重に耐えられることを基準としていた。積載可能な燃料量である9,400kgを基準にすれば機体の強度を増さなければならなくなり，その重量をさらに増さなければならなくなる。結局，スホーイ設計チームとソ連空軍はSu-27の燃料を5,270kgとし，さらに機内に4,130kgの予備燃料タンクを取り付けられるようにすることで合意した。この合意により，設計チームはSu-27の機体の大きさを軽量化することができた。典型的なSu-27には，三つの燃料タンクがあり，二つは翼中央部，一つは尾翼ブーム部である。外翼に機外燃料タンクはない。合意で取り付け可能となった機内予備燃料タンクが採用された形跡はいまだ見られていない。

1987年8月17日に初飛行するSu-27K T10K-1初号機（機体番号37）。（©スホーイ）

角40度にいる目標にも鋭いターンで接近できることだ。空気力学的制御で，飛行中に上下角と針路を操作するため，エンジン排気口に二つの制御板を取り付けた。機械的に接続された4枚の補助翼（台形の翼）は，縦軸方向の安定を保障する。ミサイルは，ロケットモーターの燃料が尽きた時点で空力的に制御される。

R-73は二つの型があり，マーリン・レーダーと近接信管を取り付けたR-73K（輸出型はR-73E）と，アンバー・レーザー・ヒューズを取り付けたR-73L（輸出型はR-73LE）。R-73Lには，前方の翼の真後ろにレーザー・ヒューズ用の長方形の窓があるため容易に識別できる。R-73のミッドコース・フェーズの誘導は慣性誘導で行い，最終フェーズは赤外線誘導だ。赤外線誘導装置マヤク80シーカーの設計と製造はキエフの工場で生産された。精密な窒素冷

ロシアの勇者たち

ロシア空軍のSu-35の曲芸飛行チームは，ロシアでも海外でも有名だ。チームは，第237技術展示センターの一部門であり，クビンカ空軍基地を拠点にしている。Su-27を装備していたチームは，1991年9月にイギリスの曲芸飛行チーム「レッドアローズ」の母基地である，リンカンシャーのスキャンプトン基地で最初の国際ツアーを行った。戦闘機の血統を有するSu-35は，その大型で力強い機体での飛行演技と機動力，フレアを使用したアトラクションなど，その実力はほかの曲技飛行チームの追随を許していない。「ロシアの勇者たち」と名付けられたこのチームの機体には，ロシア・カラーが彩られ，機首は赤と白，機体上部は青い矢，機体下部は青で塗装されている。垂直尾翼には大きなロシア空軍旗，機首にはスホーイのロゴマークと伝説の「ロシアの勇者たち」が描かれている。2016年10月と11月に「ロシアの勇者たち」は，新型のSu-30SM戦闘機（機体番号30から37）に機種を更新した。Su-30SMを使用した「ロシアの勇者たち」の最初の展示飛行は，2017年3月にマレーシアのランカウイ海事航空展覧会で行われた。この飛行展示には4機が参加した。3年後，「ロシアの勇者たち」は，最新型のSu-35S戦闘機を4機受領した。Su-35Sは，AL-41F1Sターボファン・エンジンのおかげで，最も機動性に優れた機体となり，その推力によりSu-27とSu-30SMと比べて高い推力重量比を得ている。

最初の遭遇

1987年2月7日，2機のSu-27は西側の航空機と初めて遭遇した。ノルウェー空軍の2機のF-16が，バレンツ海上空でSu-27を迎撃したのである。1987年9月13日には，ソ連空軍のSu-27とノルウェー空軍のP-3Bオライオン対潜哨戒機が空中衝突。ロシア領土から48海里の公海上で演習中のソ連海軍艦艇を監視していたP-3は，午前10時39分に第94戦闘飛行連隊のダバシリー・ツムバルが操縦するSu-27から迎撃を受けた。P-3の偵察装置をブロックしようとして機体腹部を飛行したソ連のSu-27は，尾翼がP-3の右端のエンジンと接触した。

幸運にも両機は基地に帰還した。ノルウェー国防委員会が調査した結果，衝突はSu-27のパイロットに非があり，過失による事故と結論づけられた。ソ連は，P-3のパイロットが危険な機動をしたためと主張したが，受け入れられなかった。修理費は13万ドルと見積もられた。

1987年9月3日にノルウェー空軍のP-3が撮影したSu-27の一連写真。（©ノルウェー国防省）

KnAAZの生産ライン上のSu-27MとSu-27K。(©スホーイ)

現在のロシア空軍のSu-27部隊

●直轄部隊
アフトゥビンスク　第929国家飛行試験センター
クビンカ第237航空技術開発センター
クシュチェフカヤ　第195訓練航空基地
リペツク　第968教官研究飛行連隊
●東部軍管区
コムソモリスク・ナ・アムーレ・ヨムギ　第23戦闘飛行連隊
ツェントラーナヤ・ウグロヴァヤ　第22戦闘飛行連隊
●南部軍管区
クリムスク　第3混成飛行連隊
ベルベク　第38戦闘飛行連隊
●西部軍管区
ベソヴェツ　第159戦闘飛行連隊
ホチロヴォ・ボリソフスキー　第790戦闘飛行連隊
●ロシア海軍航空隊
チェルニャホフスク　第72海軍航空基地

記録破り

1986年10月15日と11月15日, ビクトル・ブガチョフが操縦する, 第3期生産型Su-27試作機T-10S-3を改良したP-42は, 25.373秒で3,000mまで到達するという絶対的な世界記録を樹立。この記録は, アメリカのF-15の記録より2.2秒短かった。その時の記録は, 6,000mまで37.050秒, 9,000mまで47.028秒, 12,000mまで58.102秒だった。ニコライ・サドブニコフは, 1987年3月から5月にかけての飛行テストで新記録を樹立した。それは, 44.176秒で9,000mまで上昇し, ブガチョフの記録より2.8秒短かった。サドブニコフは, 定められた定刻の90秒で19,335mから19,429mに上昇記録を更新した。世界記録は合計で41だった。記録用に重量を削減していたP-42は, すべての武装システムと制動傘を取り払っていた。フラップはロックし, 無塗装だった。予備燃料は最低にし, エンジンの出力は128.4キロニートン(28,865ポンド)まで強化していた。別のT-10-20Rは, 2基のエンジンを連接する梁《はり》を取り外し, 垂直尾翼の上部を短くしより多くの燃料を搭載するため翼端を弓型断面にした。レーダーは除去して燃料タンク用のスペースとした。T-10-20Rを使用する目的は, 500km(270海里)の間で速度記録を樹立することだった。しかし, 時間が経つにつれ世界記録への興味が薄れていき, その結果T-10-20Rは廃棄されてしまった。

ウクライナで開催された「クリア・スカイ演習」でスタロコスティアティニフ空軍基地を離陸するスホーイSu-27P。（©アメリカ州兵航空隊チャールズ・ボーガン軍曹）

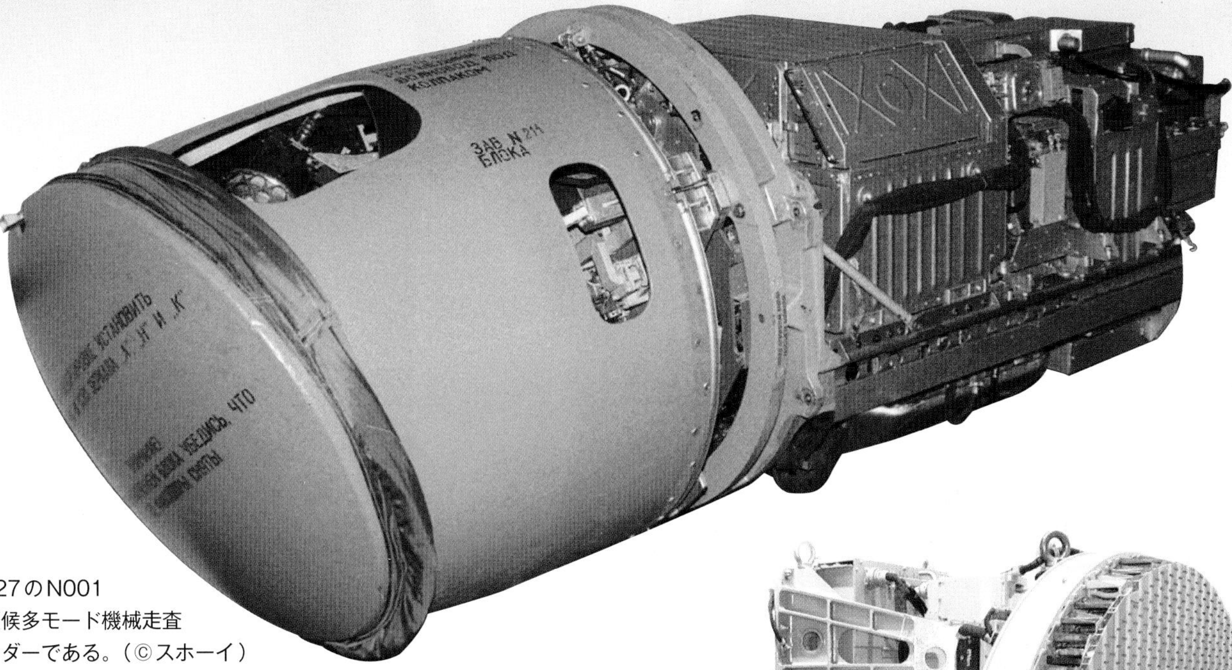

Su-27のN001
全天候多モード機械走査
レーダーである。（©スホーイ）

Su-27に搭載されたバーズN011多モード・アクティブ電子走査アレイ・レーダーシステム。（©スホーイ）

却装置のおかげで，インジウム輝安鉱でつくられた画像装置とシーカーは，後方から追尾する熱源シーカーと異なり，全方向の目標を追随できる。Su-27のパイロットは，激しい機動で飛行して発生したどのようなG荷重下でもR-73を発射できることになっている。

中間期の改修

ロシア空軍におけるSu-27の重要性は事実で示された。1990年から2000年の予算削減のなかで同じ世代の戦闘機のMiG-29とMiG-31は削減されたにもかかわらず，すべてのSu-27の部隊は残されて，予算削減の対象にはならなかった。その後1990年代に入り，ロシア空軍は飛行部隊のSu-27の改修を始めた。ロシア・アビオニクスと共働していたイルクトは，Su-30KNプロトタイプ（機体番号302）を基礎として単座のSu-27KNを提案し，1999年4月に初飛行させた。Su-27UBMプロト

駐機中のSu-27フランカーのコクピット。(©ピョートル・ブトウスキ)

タイプ(機体番号20)を基礎とした複座のSu-27UBMは，2001年初めに開発された。

イルクトの提案した機体は，ロシア・アビオニクスが改修したMiG-29SMの初期型とよく似た，レーダーと空対地兵器を改良した比較的シンプルな機体だった。

改良されたレーダーはプロセッサーの処理能力の向上がその特徴で，既存のソフトウェアとハードウェアを介入させることなしに地形表示と移動目標の追尾が可能になった。目標捜索能力が改良されたことで，Su-27はTV誘導のKh-29T，飛距離を延伸したTV誘導のKh-59M，対レーダー/対艦用のKh-31P/A，そしてKAB-500K爆弾を搭載できるようになった。

そのほかとして，当初からあった

ジューコフスキー飛行場で行われた国際エアショー2012の展示飛行で上空通過する4機のSu-27SM。(©ピョートル・ブトウスキ)

改修されたSu-27SKM標準型フランカーのコクピット。(©スホーイ)

IPVテレビ・ディスプレイがMFI-55カラー液晶ディスプレイに換装されたが，コクピットの変更はなかった。Su-30KNのプロトタイプは，2001年11月9日に改修が完了し，製造会社は量産準備を始めたが，2002年にロシア空軍総司令官が交代した後は，ロシア・アビオニクスに好意的でなくなり，Su-27KN/Su-27UBMの提案は拒否された。その代わり，Su-27改良機はロシア以外の顧客にまとめて売却された。ベラルーシのバラノビッチにある第558戦闘飛行連隊のSu-27UBM1改修型4機は，2001年から2005年にベラルーシ空軍に，2008年から2010年にはカザフスタン空軍にSu-27UBM2が4機売却された。カザフスタン空軍のSu-27UBM2は，レーザー誘導兵器を内装したイスラエルのライトニングIIIポッドとベラルーシ・サテライトの自己防御用対電子妨害ポッドを搭載している。

ロシア空軍は，OKBの提案に基づいて，複座のSu-30MK2多用途機を改良したSu-27SMの採用を決定した。Su-30MK2は中国向けに研究・開発された機体であり，その経費は中国政府の予算であてがわれた。

Su-30MK2は，SUV-VEP火器管制装置を装備しており，このシステムはSu-27SM用の標準型の火器管制装置OEPS-27MKをもとに改良したものだ。OEPS-27MK電子光学目標追尾システム，SILS-27Mデータ表示システム，IFF受信機で構成されたRLPK-27PミエッチMレーダーを装備している。

BTsVM-900コンピュータの二つのチャンネルは，海図情報との照合により目標の探知を行い，Kh-31A対艦ミサイルに情報を与えるとともにRVV-AEアクティブ・レーダー誘導空対空ミサイルの運用も可能だ。OEPS-27MK目標探知システムは，よりパワフルなOLS-27M IRSTセンサーとスラのヘルメット・マウント・システムを使用されており，KnAAZの生産ラインのSu-27MとSu-27KにはSILS-27Mのデータが入力されている。スホーイ表示システムは，ILS-31ヘッドアップディスプレイ，MFI-10-6M 6インチ×8インチ（152mm×203mm）多機能ディスプレイ2台，MFPI-6データ挿入パネル1台で構成されている。Su-27SMには，SUV-P1があり，レーザー誘導兵器，TV誘導兵器，新たなS-107通信機，A737 GPSレシーバーが搭載された。もともとのベリョサの代わりに取り付けたL-150-27.2パステル・レーダー警戒レシーバーは，Kh-31Pミサイルに目標を指示することも可能だ。

性能向上型火器管制システムは，Kh-31A対艦ミサイル，Kh-31P対レーダーミサイルKh-29L/Kh-29T/Kh-29TDレーザー・TV誘導ミサイル各4発を管制する。S-25LDレーザー誘導ロケット弾2発の管制とKAB-500K，KAB-1500K誘導爆弾各4発の管制も可能だ。空対空兵器にはRVV-AE中距離ミサイルも含まれる。

2002年12月27日，近代化されたSu-27M（機体番号56）は，エフゲニー・フロロフの操縦により，コムソモリスク・ナ・アムーレ飛行場で初飛行。輸出型の305号機は，2003年に初飛行した。最初の改良型のSu-25SM 5機は，2003年12月にリペツクの評価センターへ移管された。最初に配備された部隊は，ドジョムギ空軍基地の第23戦闘飛行連隊で，2004年12月23日に最初の1機を受領した。2009年までにドジョムギ空軍基地とツェントラーナヤ・ウグロヴァヤ空軍基地の飛行連隊には，それぞれSu-27SMが24機配備された。

ツェントラーナヤ・ウグロヴァヤ空軍基地に所在しているSu-27Mは，推力80.9キロニュートン（18,188ポンド），アフターバーナー使用時132.4キロニュートン（29,762ポンド）のAL-31Fシリーズ42エンジンを搭載している。ドジョムギ空軍基地とツェントラーナヤ・ウグロヴァヤ空軍基地の部隊はSu-35を受領し，Su-27SMはクリミヤ半島のベルベク空軍基地とベソヴェツ空軍基地へと移動した。

2010年にインドネシアに売却された3機のSu-27SKMは，唯一作戦態勢にある機体だった。ロシア空軍用のSu-27の生産は，2009年8月に再開され，そのうちの12機は新型のSu-27SM3だ。中国の要求を予想して組み立て構成品を使用して生産されたものだ。結局機体は中国人民解放軍空軍には渡されなかったた

ブガチョフ・コブラ

1989年5月，単座の機体番号388のSu-27と複座の機体番号Su-389のSu-27UBがパリ航空ショーを訪れ，世界の聴衆の前で初めて飛行展示を行った。OKBのテスト・パイロットであるビクトル・ブガチョフは，飛行展示の際，初めてコブラの動きを模擬した機動を行い，急減速する飛行技術に言及した。しかし，ブガチョフは，Su-27でコブラ機動を行った最初のパイロットは，ジュコフスキーのイゴール・ヴォルクで，それは1987年9月29日だったと発言している。コブラ機動は，高速水平飛行から始まる。パイロットは機首を上げて120度の迎え角をとり，そのまま機体を後方に倒したまま，後尾を前方に向けて数秒間飛行した後，機首をもとに戻して水平飛行に移行する。コブラ機動を行うには，速度を時速205～時速228ノット（380～420km/h），高度500～高度1,000m（1,640～3,280フィート）で飛行して操縦桿を引かなければならない。パイロットは，迎え角が最大になると操縦桿を中立に戻す。その後，迎え角がマイナスにならないように注意しながら加速。コブラ機動に入ったならば，フライト・コントロール・システムの制限機能は解除しなければならない。

め，2011年2月にクリムスク空軍基地へ，そのほかの機体はリペツクに置かれた。作戦態勢にあるSu-27は，SUV-P-RM火器管制システムとR-77-1中距離空対空ミサイルが追加されたSu-27M3標準型への改修が続けられた。

部隊への配備

ソ連空軍のSu-27フランカーの最初の作戦部隊は，コムソモリスク・ナ・アムーレ近くのドジョムギ空軍基地の第60戦闘飛行連隊であり，そこには工場が隣接されていた。それは，新戦闘機を初度配備するに際し，維持整備を確かなものにするためだった。第60戦闘飛行連隊では，Su-27の飛行運用は1985年6月22日に開始し，その年の秋にはコラ半島のキルピヤヴル空軍基地に所在する第941戦闘飛行連隊が続いた。Su-27は，ソ連空軍に1985年に配備されたが，そのときF-15イーグルは，アメリカ空軍に配備されてすでに11年もの歳月が経過していた。

スホーイの公式記録によれば，Su-27単座型は，1999年まで645機生産された。その後，インドネシアに5機，ロシアにSu-27SM3を12機納入した。IAZでは，複座のSu-27UBとSu-27UBKを200機以上生産した。

そのほかのSu-27の運用者は，アルメニア（2005年にロシアから中古機を調達），カザフスタン（1999年から2001年にロシアから受け取った戦略爆撃機Tu-95Mベアとの交換で14機を受領）である。

中国はSu-27を46機（Su-27SK単座機を36機，Su-27UBK複座機を10機）調達し，1992年から1996年にかけて二つのグループに分けて取得した。これが旧ソ連邦以外の国に初めて売却された機体となった。さらに，2000年から2002年にかけて28機のSu-27UBKが中国に売却された。1996年12月6日，瀋陽で，ロシア政府と中国政府は，200機のSu-27を中国でJ-11としてライセンス生産することに合意した。最初にライセンス生産をした2機の部品は，KnAAZから送られた部品を使用し，組み立てて製造されたもので，1998年12月に初飛行した。当初は200機を生産する予定だったにもかかわらず，ライセンス生産は105機で終了し，替わって中国は派生型のJ-11Bの生産を開始した。

ベトナムは，1995年3月から5月の間にSu-27SKを5機，Su-27UBKを1機受領し，続いて1997年から1998年にさらに4機の練習機を含む6機を受領した。

インドネシアは，2003年にSu-27SKを2機，2010年に改良型のSu-27SKMを3機受領した。そのほかの数カ国は，旧ソ連の飛行部隊からSu-27を受領した。その受領国にはアンゴラ（Su-27が1機，Su-27UBが1機），エリトリア（Su-27が1機，Su-27UBが1機），エチオピア（Su-27が14機，Su-27UBが少なくとも8機）が含まれている。

第5章

Su-30MKI フランカー

スホーイSu-30MKIフランカーには多くの輸出型があるが，すべてインド空軍によって運用されている。ピョートル・ブトウスキが，この並外れた戦闘機について詳しく説明する。

©イルクト

1995年7月, インド議会はSu-30MK戦闘機を一括購入することを決めた。その16カ月後の1996年11月30日、ロシアのイルクーツクで、インドはSu-30を40機（最初の購入機数）開発・納入する契約に調印した。スホーイは, インド政府との間でスーパー戦闘機Su-30MKIを特別に設計することを約束した。これは, ロシアにとって吉報だったが, 挑戦なくして成功し得ない事業でもあった。インド向けのSu-30MKIは先進戦闘機で, 新型火器管制システムと航空電子機器を世界中から調達しなければならなかった。さらにそのうえ, 推力偏向エンジンにおいてはプロトタイプすら存在しなかったので, まさに挑戦そのものだったのである。

1996年11月の契約では, 最初の8機が明記され, 当初はSu-30迎撃型とほぼ同様のSu-30K（OKBは10-4PK/T-10PMK-1を予定）を提示したが, 空対地攻撃能力がなかったので, のちにSu-30MKI標準型に改修された。1997年5月に8機のSu-30Kはすべてインドに到着し, 残りの32機のSu-30MKは, 1998年から2000年の間に到着する予定で作業を進めていた。しかし, 諸処トラブルにより計画が遅れたことから, インドは1998年12月18日に10機のSu-30Kを追加契約した。18機のSu-30Kのシリアルナンバーは SB001からSB018で, プネー・ロヒアガン空軍基地の第24飛行隊"鷹狩"に配備されて, 時代遅れになったMiG-21bisと交代した。

ネバダのネリス空軍基地で行われた「レッド・フラッグ演習」で空中給油機の後方を飛行するインド空軍のSu-30MKI。この写真では，前縁を＋7度から－70度まで対称的に反らせることができる全可動カナードの全容が明らかになっている（©スホーイ）

しかし，2017年4月，インドのSu-30Kの物語は終わりを迎えようとしていた。アジアの大国インドは，18機のSu-30Kをすべて新型のSu-30MKIに更新することにしたのだ。2011年7月，インド向けのSu-30Kはベラルーシのバラナヴィーチにある第558戦闘飛行連隊の整備工場に移され，新たな顧客を待った。2013年10月，アンゴラがインド機を12機受領した。最初の機体は，バラナヴィーチでオーバーホールをした後，2017年1月に飛行した。

Su-30MKIの物語は，旧ソ連時代にさかのぼらなければならない。1983年12月29日，ソ連政府はSu-27M（Mは近代化の意味，OKBの呼称はT-10M）に，Su-30MKI用に開発されたすべての技術とシステムを搭載する改修作業を行った。タメルラン・ベキルバエフの監督のもと，ティコミロフNIIPは，Su-27Mのために溝付きアンテナが特徴のN011レーダーを開発した。電子走査バージョンは，N011Mと呼称されており，Su-27機番712号機に搭載してテスト飛行さ

二次元から三次元へ

Su-30MKIのAL-31FPエンジンのノズルは，上下共に15度まで可動する。では，1機の航空機のエンジン・ノズルにどのようにして三次元推力偏向装置を取り付けるのか？　両エンジン・ノズルは，横に可動させることが必要だった。Su-30MKIの各ノズル中央部に垂直に取り付けた平面板は，外側に32度（右ノズルは右に，左ノズルは左に）に反らすことができ，このように，機体を三次元コントロールするため，ノズルはV字型に作動する。両ノズルが対称的に偏向することによって，ロール方向とヨー方向の多様な反りを利用してピッチ方向の操作が可能となる。

©イルクト

©イルクト

れた。新型のN011Mは，電子的走査によって，地上目標を発見し，同時に4発から6発のミサイル（Su-27のN001レーダーは2発に制限）を誘導して交戦できる。この前方に対する補完として前二つのエンジン間の突起部にあるN012レーダーによって後方からの攻撃に対する警戒に備える。10mの波長のN012は，ミサイルの誘導能力こそないものの攻撃を受けた場合の警告を発するというものだ。

カナード

レーダーシステムは重く，前部胴体に装備すれば機体の重心に影響を

与える。Su-27の全天候，マルチモードレーダーのN001原型機も例外ではなく，重量は200kgを越えるものとなり，明らかに当初の設計上の見積もりを超えた。結果として重心が前方に移ったことで，機体の静安定は増すことになった。Su-27は静安定の低減による機動性の向上を設計のコンセプトとしていたため，重心が移動することは設計上極めて重要な問題だった。

　機体の再設計や前方胴体に小さなリフト面を加えることも可能だったが，OKBは最も簡単な解決方法として，前方胴体の揚力を増すカナードを設けて，機体の静安定の低減を提案した。スホーイの設計技師はT-10型の設計段階初期でのカナードを提案したが，T-10Sに向けての大規模な設計変更を控えていたため，この提案は採用されなかったという経緯がある。

　しかし，カナードは歴史に埋もれることはなかった。1982年，OKBはSu-27Mの設計を開始した。機体には機械式に170度走査できる直径960mmの平面アレイ型N011レーダーを搭載した。オリジナルのN001レーダーと同様に，N011Mレーダーもまた機体の重心位置の移動があったため，静安定の低減を得るためにはカナードが必要だった。当初Su-27の静安定は中立だったが，Su-27Mは－5～－6%だった。

　OKBが行ったテストで，カナードには別の利点があることがわかった。二つのカナードの翼端から発生

N011M バーズ・レーダー諸元	
周波数	X- / L-バンド（IFF）チャネル
アンテナ	N11-01M フェイズド・アレイ方位角油圧作動型
方位捜索角	+/-70°
垂直捜索角	+/-45°
パルス・パワー	4～5kW
空対空モード	
同時追随航跡数	15
同時交戦航跡数	4～6
探知距離、戦闘機サイズ、前方攻撃	120～140km（65～75マイル）
探知距離、戦闘機サイズ、後方攻撃	60km（32マイル）
空対地モード	
探知距離、鉄道橋	80～120km（43～65マイル）
探知距離、地上の戦車	40～50km（21～27マイル）
探知距離、駆逐艦	120～150km（65～81マイル）

©イルクト

する強力な渦流は，翼のフラッペロン近くの厚い境界層に吹き込むこととなり，これによって，高迎え角で飛行中の横の安定性が改善され，激烈な機動中の揚力の損失を防ぎ，パイロットの操縦と兵器の照準に影響を与える振動を低減するとともに，強力な乱気流が起きる低高度飛行では，振動ダンパーとしても機能することが明らかになった。カナードの効果を試すための機体改修が優先され，1985年にOKBは生産標準型のT-10-24を選び，胴体前部を改修した。こうして，この機体は最初にカナードを付けたSu-27となった。カナードの翼幅は6.4m（21フィート）で，主翼前縁の付け根，コクピット後部のすぐ下付近に取り付けられた。

1985年5月，ビクトル・プガチョフはジューコフスキーで，カナード付き改修機で初飛行を行った。テスト飛行間，機体はあたかもコンピューターで制御されているかのように，スムーズに飛行した。

こうしてSu-27Mの開発計画に対する優先度は極めて大きいものになった。性能を証明するために，少なくともT10M-1からT10M-12（機体番号701～712）の12機の機体をテストに加えた。一番機の701号機は，1988年6月に初飛行した。一方，712号機は1994年に製造された。1992年9月のファンボロー航空ショーの国際的なお披露目の場で，Su-27（機体番号703）はF-35輸出型として紹介された。おそらく，最も知ら

Su-30MKIに搭載されているN011Mバーズ・レーダー・システム。（©NIIP）

れている機体は，1996年に推力偏向エンジンを搭載した711号機で，同年9月のファンボロー航空ショー以降，多くの航空ショーで飛行展示された。飛行展示の期間中，711号機はほとんど前方に飛行せず後ろ向きの（ロシアではクルビットとして知られる）まま宙返りを行った。711号機は，飛行制御装置の故障で2002年12月19日に墜落したが，パイロットは脱出して生還した。別の708号機は，つい最近までT-50戦術航空機先進航空複合体機（PAK FA）飛行制御システムのテスト飛行で使用され，710号機はPAK FA エンジンを搭載したPAK FA実験機の飛行テスト計画の支援を続けた。

1990年代に起きたロシアの経済危機の結果，Su-27Mの生産は正直順調とは言えなかった。12機の試作機が生産された1995年には，コムソモリスクの工場で86号機，87号機，88号機が生産された。2003年，3機のSu-27Mと試作機の703号機と712号機は，クビンカのルスキエ・ビィヤジ曲技飛行チームに移籍し，鮮烈な塗装を施されたものの，チームはこれらの機体を飛行展示には使用しなかった。

その後，Su-27Mは生産されず，設計の要素の多くはその後にインド空軍用Su-30MKIの開発に使用されることになった。バャチェスラフ・アバェヤノフが，カナード付きで推力偏向エンジンを搭載したSu-30MK-1を使って最初に飛行展示した。だが，この機体には新たな航空電子機材は導入されていなかった。それが理由かどうかはわからないが，この機体は1999年6月12日，ル・ブルージェのパリ航空ショーで墜落した。

Su-27Mの飛行テスト結果があまりにも衝撃的だったため，カナードはいくつかのSu-27に取り付けられた。最初は，着艦時の迎え角を減少させるためにSu-27K（Su-33）艦載型に取り付け，次はSu-27IB（Su-34フルバック）に取り付けられた。機首にカナードを装備した機体で最もよく知られたのは，インド空軍用のSu-30MKIで，その全可動カナードは+7～−70度まで対称的に作動することができる。

国際型の装備

Su-30MKIの戦闘能力の一端は，ジューコフスキーNIIPで製造されたN011Mパッシブ電子走査アレイ型をはじめとする航空電子機材にあり，特にRLSU-30MKIバーズ・レーダー・システムにあった。そこでヒンドスタン航空機のハイデラバード支部は，レーダーのRC1とRC2の両方のコンピュータを製造した。

N011Mレーダーの最初のテストは，1991年に行われた。1996年にはレーダーを搭載したSu-27M機体番号712号で飛行テストが行われた。アクティブ電子走査アレイ・レーダーは，ビームをミリ秒単位で移動することができるため，複数の目標

インド空軍 Su-30MKI 装備部隊

場所	航空団	
バレーリー	第15航空団	第8，第24 飛行隊
チャブア	第14航空団	第102 飛行隊
ハルワラ	第34航空団	第220，第221 飛行隊
ジョードプル	第32航空団	第31 飛行隊
プネー	第2航空団	第20，第30 飛行隊
シルサ	第45航空団	第15 飛行隊
テズプル	第11航空団	第2，第106 飛行隊
タンジプール	第47航空団	第22 飛行隊

インド空軍のSu-30MKI SB200が，チャンディプールのオーシャン試験場上空でブラモス機材テスト機を発射する前後の写真。白と黒の識別標識は，機材が吊架装置から離脱するテストを写真測量するために採用された。写真測量は，航空機に搭載されたカメラで定量データを収集するための技術で，吊架装置からの離脱テストで開発モデルを確認するために用いられる。（©インド防衛研究開発機構）

と交戦できる。これは，大きな利点であり能力だ。一方，パッシブ電子走査アレイ・レーダーの欠点は，左右にたった45度しか作動しないことで，機動力を必要とする戦闘機のレーダーとしては能力不足という点だ。バーズ電子走査アレイ・レーダーは，油圧で左右25度に作動する。電子的走査モードによって，アレイの機械的スイープは，平均的な機械走査アレイ・レーダーに比べて省力化される。典型的な例だが，電子走査モードではアレイの機能と機械的スイープの使用は，戦術的な必要性が生じた場合に限られる。アレイの重量は，110kg（243ポンド）である。

ほかのセンサーとして，ロシア製OLS-30赤外線捜索攻撃システム，ウクライナ製スラKヘルメット・マウント・サイト，イスラエル製エロップSU967ヘッド・アップ・ディスプレイ，ラファエル社製ライトニング照準・航法ポッドが，Su-30MKIに搭載されている。自己防御装置は，ヒンドスタン航空機製IFF-1410Λ，トランキル（タランMk2）レーダー警戒レシーバー，イスラエル製エルタEL/L-8222妨害ポッド，尾部突起に内装された円形の50mm（1.9インチ）UV-30MKIチャフ・フレアー・ディスペンサー14台だった。

Su-30MKIは，これらの装備を内装するために武器の重量が8,000kg（17,637ポンド）に増加し，12カ所の吊架装置で多様な空対空ミサイルを携行する。それは，セミ・アクティブ・レーダー誘導ミサイルR-27R/R-27ER 8発と赤外線誘導ミサイルR-27T/R-27ET 2発の組み合わせで，アクティブ・レーダー誘導ミサイルRVV-AE 10発，またはR-73 6発だ。そしてロシアのSu-30SMは，R-77-1を搭載できるよう改修された。

空対地あるいは空対艦の任務で搭載する兵器は，Kh-59M/Kh-59ME

（APK-9誘導弾ポッド）空対地ミサイル2発，Kh-31A対艦ミサイル6発，Kh-31P対レーダー・ミサイル6発，Kh-29（ターゲット・ポッドが必要なレーザー誘導型）6発，1,500kg爆弾3発，500kg（3,307ポンドまたは1,102ポンド）誘導爆弾6発，250kg（55ポンド）無誘導爆弾32発，S-8/S-13/S-25ロケット弾である。Su-30MKIは，Su-27のように30mm GSh-301機関砲と弾丸150発を搭載している。

インドの発注履歴

本章の始めに記述したように，1996年11月30日にインドは，Su-27の開発とロシア製Su-30の50機を14億6,200万ドルで購入する契約にサインした。実際，Su-30MKI初号機到着の4年前がその納入期限だった。にもかかわらず，納入が4年遅れてしまった理由には，新たな空力的形態，新型の操縦装置で操作する推力偏向エンジン，航空電子機器のインテグレーション，複数の海外サプライヤーの存在などがあり，すべてを装備したSu-30MKI（05号機）一番機が，2000年11月26日に至るまでイルクーツクを離陸できなかったということが挙げられる。結局，2002年6月22日にAn-124輸送機がSu-30MKI 2機をイルクーツクからインドへ輸送した。そして，同年9月にプネー・ロヘガオン航空基地で最初の10機の受け渡し式が挙行された。

インドのSu-30の導入は2000年10月に始まり，そのときスホーイとSu-30MKI 140機のライセンス生産と相当数のAL-31FPエンジンの合意覚書に契約した。

2000年12月の合意をもとに，全体的な技術の移管が行われ，ヒンドスタン航空機は，かつてないほどの作業割り当てのもと，4つの生産フェーズを構成し，マハラシュトラのナシク工場とスナベダのコラプト工場にその製造ラインを設置した。フェーズⅠでは完成キットを，フェーズⅡとフェーズⅢではパーツ・キットを集めた。そして，フェーズⅣからロシアの支援を離れ，独自製造に移行した。続く発注は，2007年（40機），2012年12月末（42機），2020年（12機）だった。2020年の契約は，戦闘機272機態勢を維持するための損耗機の補充だった。

ヒンドスタン航空機は，2020年4月までに前述したSu-30MKI 272機の生産を終了し，その時点でインド空軍は取得した272機のうち260機が運用中で，12機を事故で失っていた。もし，インド空軍が現在の戦闘機不足に対応するため，Su-35フランカーE輸出型を選び，そしてこの10年以内に42の飛行隊に配備しようとするならば，ヒンドスタン航空機は来るべき10年先には，より多くのスホーイ戦闘機のライセンス生産機を受注することができるだろう。

Su-30MKIの改修

このインドの要求は，隣国パキスタンによる昨今の脅威に対抗するためだった。パキスタンは，すでにF-16とJF-17の運用を開始し，そして中国の新世代機J-20とSu-35MKIを調達して改修しようとしていた。パキスタンの新たな脅威に対抗することは理由の一つだがしかし，イン

イルクトのSu-30MKI試作機の機体番号ブルー02とブルー722の機体で，形態開発計画に使用された。（©ピョートル・ブトウスキ）

ド空軍の航空機のエンジンと機体の稼働率は46%と極めて低く，この機体の改善を検討する必要性にも迫られていたのだ。非公式にスーパーSu-30が取り沙汰されているが，それはSu-35MKI全部を改修することで，Su-35フランカーEと同等の性能を得ようとするものだった。

この「Su-30MKIの改修」という物語に関しては，一つの基本的な問題が指摘されている。それは，Su-30MKI標準型の性能と火力を向上できるかどうか，ということだ。筆者はその可能性を信じている。実現に向けてのカギは，新エンジン，新レーダー，高性能空対空ミサイルになるだろうと予測する。

インドの新聞の報道によれば，新エンジンは高性能のSu-35フランカーEに搭載されている32,000ポンドのアフターバーナー付きのロシアン・サターンAl-41FSとほぼ同様である。ロシア最大の武器輸出企業・ロソボロネクスポート社によれば，AL-41FSは，モジュール方式のデジタル推力偏向制御の二軸ターボファン・エンジンを搭載する。AL-41FSは，Al-31FPと同様の形状で，Su-30MKIの機体の内部システムとナセルを小規模改修すれば搭載可能となる見込みが十分にある。空気流量の増加と効率化のために新低圧コンプレッサーを使用し，ブレードの冷却システムを改善した新型タービンを搭載したAL-41FSによって，Su-30MKIの推力重量比（Al-31FPの発電機は

27,700ポンド）が高まり，航続距離が延伸。よって生存性が高まり，搭載兵器をさらに増すことが期待できる。新レーダーに関して言えば，イルビスEシステムが有力候補として挙げられる。イルビスEシステムはNIIPで開発し，ロシア空軍のSu-35フランカーEに装備された多モード・レーダーシステムは，N011Mバース・システムを基礎としたハイブリッド型のパッシブ電子走査アレイを使用している。その性能は良好で，システムは一体化されている。運用モードには，空対空，空対地，地上画像，ドップラー・ビームの先鋭化，合成開口レーダーが含まれている。NIIPは，N011Mバース・システムを前の型と比較してレーダークラッターの環境を改善したシステムとコメントした。しかし，NIIPが主張していることは，低高度目標の探知能力が高まったこと，そしてアメリカの新世代戦闘機であるF-22ラプターとF-35ライトニングIIに代表される新世代の探知困難な目標に対する能力向上を目指していることは明らかである。

新しいパンチ

R-37Mは，Su-35とSu-57に搭載するために開発された。イルビスEを搭載したSu-30MKIは，おそらくR-37Mの極超音速飛行能力を活用できるだろうと推測される。マッハ6での性能と400kmの飛距離（この性能は中国のPL-12，アメリカのAIM-120 AMRAAMの4倍である）は，大きな長所だ。

ここで一つ，君の所有する航空機が，400kmの彼方からマッハ6で飛行するミサイルの攻撃を受けることを想像してほしい。もし，それが現実のものとなれば，大きな脅威となる。しかし，アメリカの戦闘機は最新のAIM-260を，そして彼らの相手である中国はPL-XXをそれぞれ装備しているR-37Mは比類のない敵となるわけだ。ロシア製のK-77ミサイルを装備しているSu-30MKIは，恐るべき敵ということもわかるだろう。アクティブ・フェーズド・アレイ・アンテナ・システムのK-77は，距離190km，360度の範囲を捜索して敵を探し出す。この能力によって，敵は回避不能の脅威に直面することになる。しかし，これらの長距離ミサイルは，すべて視程外戦闘用として開発されたもので，視程外戦闘が戦闘において成功する兵器として共通に認められている現状がある。結果として，アメリカ，ロシア，ヨーロッパ，中国はすべて，この恐ろしいミサイルの開発ゲームに参加しており，今や「私の物はあなたの物より大きいということを競うゲーム」となってしまっている。しかし，短距離での交戦はどうであろうか？　最初に考慮すべき事項は，航空戦の訓練で試すことで，そのときは短距離ミサイルも装備して補足し合うことが必要となるのだ。ロシアは異なる2種類のミサイルを提示している。K-74Mミサイルは，大きなオフ・ボアサイト（正面から逸れた目標を探知できること）能力を有し，対抗機種よりも飛距離が長い。そして，ヴィンペル設計局の設計技師は，まったく新しいK-MDを開発しているが，この最新のミサイルの性能は，いまだ明かされてはいない。

ブラモス・ミサイル

インド空軍の攻撃能力は，空対空攻撃と空対地攻撃に限られるものではない。インドには7,500kmの海岸線があるため，インド空軍は海洋で作戦しなければならない。海洋での作

アストラ･ミサイル飛行テスト経緯

日付	細部	試験場
2003年5月から	地上固定装置でのテスト,多様な気象条件下での代表的な実射。	オリッサ州チャンディプール上空の機材試験区域
2009年まで	固定装置での発射テスト終了。	
2010年まで	モーターと推進薬システムの評価飛行テスト。	
2011年5月	弾道飛行テスト。	
2012年12月	新型空気力学的形態,サブ･システムの機能、計画前機動能力,中間から終末コースへのホーミング誘導移管,シーカー性能とラジオ近接信管、誘導制御と終末フェーズ･アルゴリズム機能の評価テスト。	
2013年	航空電子機器の融合とシーカー性能の評価。	
2014年5月4日	Su-30MK改修機による最初のアストラ･ミサイルの発射。	
2014年6月	制御,誘導,空気力学的な性能評価	ゴア海軍空域
2015年3月	ラクシャ飛行目標ドローンに対する機材試験装置からの発射。	オリッサ州チャンディプール上空の機材試験区域
2015年3月	機材試験装置による30g旋回展示。	
2015年5月	異なる交戦シナリオでの高機動性能の評価のため,2種類のミサイル発射。	オリッサ州チャンディプール上空の機材試験区域
2019年9月17日	ラクシャ飛行目標ドローンに対する高性能な代表的なミサイルの発射。	オリッサ州チャンディプール上空の機材試験区域
完成時	ブラモスAのテスト計画で29回のミサイル発射に成功。	

戦能力について，ロシア製のP-800オーニクス対艦ミサイルと同等のブラモスA巡航ミサイルは，射程400kmで機動性に富み弾頭重量弾道2500kg，飛翔速度はマッハ3である。

2016年6月25日，胴体下のハードポイントにブラモスAミサイルを携行したSu-30MKIが，ヒンドスタン航空機のナジク飛行場を離陸し，長らく待ち望んでいた初飛行を行った。このとき，その年の12月に取得したブラモスAミサイルの投下テストを，推進薬を使用せずに実施した。

インド国防省によれば，次の重要なテストは2019年12月に行われるとされ，結果ブラモスAミサイルを搭載したSu-30MKIは，オディシャの海岸で発射テストに成功した。このミサイルは，2020年末までに部隊配備されることになっていた。兵器の適合テスト計画は，防衛研究開発機構が主導し，ブラモスAミサイルを携行できるように2機のインド空軍機が改修された。さらに二つの飛行隊に配備するため，40機に同様の改修が計画された。最初の改修は，2020年1月に新編された対地攻撃を専門とするタンジャーヴール空軍基地の第222飛行隊だった。インドはブラモスAミサイルの弾頭に核を搭載する意図はないとしている。

インドの軍事用耐空証明センターナジク支部は，ブラモスAミサイルの運用に必要とされる資格・認証要件を策定した。この基本的かつ重要な業務は，防衛研究開発機構によって進められた。これはブラモスAミサイル本体と，その発射に必要な改修を施した2機のSu-30MKIの機体に対応するものであり，機体に搭載された発射システムとミサイルの適合性，ミサイルを搭載することによる飛行への影響，発射能力の確認など多岐にわたるものである。

アストラ・ミサイル

防衛研究開発機構（DRDO）による別の長期間の兵器開発計画は，アストラ空対空ミサイルだった。インド初の国産開発による視程外空対空ミサイルのアストラは，全天候性で昼夜間運用能力があり，Su-30MKIへの搭載を予定している。計画は，二つの開発フェーズに分かれており，それぞれが新たな能力を追求していた。フェーズⅠは，射程44kmのアストラMK1ミサイルの開発で，射程を100kmに延伸するアストラMk2はフェーズⅡで予定していた。アストラ・ミサイルの開発を主導するDRDOは，任務分析，システムデザイン，シミュレーション，荷重，フラッター，環境，吊架装置，発射テストそして収集したすべてのデータの分析に責任があった。

2019年7月，ヒンドスタン航空機は，インド国防省とスーパーSu-30の次のステージについて意見を交換した。ヒンドスタン航空機社長のシリ・マドハバンは，改修にはエンジンの改良，新型レーダー，電子戦装置，視程外ミサイルが含まれていることを確認した。

ヒンドスタン航空機の公式発表によれば，スーパー30改良型は，次のインド製のシステムが含まれている。

- ソリッド・ステート・ビデオ録音システム
- 先進TACAN
- 健康使用モニター・システム（HUMS）
- 修正型INS/GPS
- 改良型EO/IR目標指定システム
- 改良型電波高度計RAM-1700A
- 先進火器管制システム

アストラ・ミサイル性能諸元

全長：3.8m
胴体直径：178mm
重量：160kg
発射距離：海面上から65,600フィート
発射速度：マッハ 0.6 から マッハ 2.2
機動性能：27g
速度：マッハ 4.53 以上
射程距離：44km（Mk1），100km（Mk2）
弾頭：断片化した高性能爆薬15kg
ヒューズ：ラジオ近接信管で弾頭が作動
弾架：尾部から接近して搭載
誘導：デュアル・モード，ミッド・コース/インターナル、終末コース/アクティブ・レーダー・ホーミング・システム
推進力：無煙，一段，7秒間燃焼の固形燃料ロケットモーター
自己防護：対電子戦装置

備考

1. ヒューズは30mで探知。マッハ0.29からマッハ4.79で飛行中の目標に対する爆破距離は15m。
2. 誘導システムで捕捉した目標は異なる高度でも追随。
3. ECCMで電子妨害下の目標追随能力を改善。

©イルクト

- 強化型電子戦装置
- 防衛研究開発機構開発機材

超広域帯，高感度，ダイナミック・レンジのデルチDR118デジタル・レーダー警戒レシーバー。リアルタイムのエミッター追跡装置であり，既知と未知の脅威認知を行う。

- 230mm×305mm高解像度LCD多機能管制パネル
- LRDEアクティブ・アレイ・アンテナ装置（AAAU）付きAESAレーダー
- 新型レーザー照準器
- 音声起動システム（VACS）。2.7kgの装置で，口頭指令を理解するための人工頭脳として使用される。
- 新型ミッション・コンピュータ
- 新型ヘルメット・マウント表示システム（HMDS）
- VOR/ILS
- 兵器電子システム工学組織のラジオ・ソフトウェア（SDR）
- ヒンドスタン航空機製デジタル
- ヘッドアップ・ディスプレイ。20度×30度の広域視界

第6章
Su-30MK フランカー・シリーズ

スホーイSu-30MKフランカー・シリーズ。輸出用機としての開発とその進展の全貌を，ピョ—トル・ブトウスキが語る。

マレーシア空軍のSu-30MKM。マレーシアで2年ごとに開催される航空ショーで，ランカウイ空港から無武装で離陸している。（©ピョートル・ブトウスキ）

Su-27フランカー・ファミリーのなかで商業的に最も成功したのは，複座の多用途型Su-30MKだった。その機体は初めから海外市場を狙ったものだったが，当初Su-30の取得を希望したのはロシア空軍だけだった。イルクーツクで製造されたSu-30UBフランカーC複座機は，単座のSu-27の火器管制装置をすべて装備しており，当初から長距離迎撃機としての性能が求められていた。また，ほかの作戦機に対する空中指揮機としての能力も有していた。改修は，後席に武器システム担当者が使用するための戦況を表示できるディスプレイを設置し，空中給油用のプローブも装備して航続距離を延伸させた。当初，この機体はSu-27PUとして設計されたが，のちにSu-30と名称が変更された。

1987年，テスト・パイロットのニコライ・サドブニコフ，イゴール・ボティンツェフ，ビクトル・プガチョフは，Su-30で遠距離飛行を行った。最長は，1987年6月23日に飛行したもので，15時間31分かけてモスクワからコムソモリスク・ナ・アムーレ間を往復した。飛行距離は，13,404km（7,238海里）で，空中給油を4回行った。何機かのプロトタイプが制作されたが，少なくとも1994年から1996年までに6機が製造された。そのうちの5機（機番50から機番54）は，リペツクにある第4国家航空個人訓練軍用試験センター隷下のサヴァスレイカ基地の評価飛行隊に配備された。

IAZは，ヒンドスタン航空機ナシク部門が，1986年から1994年にかけて，MiG-27ML戦闘爆撃機をライセンス生産している間，インドの官庁や企業との共同作業で豊富な経験を有していた。当時，IAZの工場長だったアレクセイ・フォードロフは，インドとは良好な関係を築いていた。そのため，1990年初めにインドが複座の多用途戦闘機の購入を検討し始めていたとき，IAZで生産されていたSu-30は，ロシア政府の交渉のカードとなった。スホーイは，インドを念頭に置き1993年6月にパリのル・ブルージェで行われた航空ショーで，Su-30MK（Mは多用途，Kは商用の意味）にダミーの空対地ミサイルKh-29，Kh-31，Kh-59MとKAB-500模擬誘導爆弾を搭載して展示した。

Su-30MK

その後，インドはイルクトで設計していたSu-30MKシリーズの調達を希望した。そして，スホーイはさらに2件の輸出の受注に成功した。

マレーシアは，Su-30MKMを18機発注し，それらの機体は2007年から2009年までに配備された。マレーシア空軍用のSu-30MKMは，バーズ・レーダー・システムを部分的に改良し，（イスラエルのシステムに代えて）NAVFLIR（航法前方監視赤外線システム）を組み込んだタレス・ダモクレス目標航法ポッド，タレス

KnAAZが製造した三番目のSu30MKKプロトタイプで機体番号は503。Kh-59キャプティブ弾（模擬弾）を発射している。（©スホーイ）

Su-30MK2/Su-30M2 性能諸元

全幅：14.7m（48フィート3インチ）
全長、プローブなし：21.93m（71フィート11インチ）
全高：6.4m（21フィート）
翼面積：62.03㎡（668平方フィート）
尾翼面積：9.88m（32フィート5インチ）
ホイールベース：5.8m（19フィート）
ホイールトラック：4.34m（14フィート3インチ）
最大離陸距離：34,500kg（76,059ポンド）
最大許容離陸重量（少なくとも20回）：38,000kg（83,776ポンド）
最大着陸重量：23,600kg（52,029ポンド）
最大許容着陸重量：30,000kg（66,139ポンド）
最大速度（高高度）：マッハ2.0
最大速度（海面上）：時速730ノット（1,350km/h）
G制限：＋8.5/-2G
実用上昇限度（無武装）：17,300m（56,759フィート）
最大航続距離：3,000km（1,620海里）
最大航続距離（海面上，最大燃料，R-27/R-73 各2発搭載）：1,270km（685海里）
離陸距離（標準離陸重量）：550m（1,804フィート）
着陸距離（制動傘使用）：750m（2,461フィート）
エンジン：AL-31F シリーズ23型ターボファン，2基，122.6キロニュートン（27,562ポンド），アフターバーナー最大

CTH3022 HUD，敵味方識別装置システムを内装したフランス製の装備を採用していた。

新たなSu-30MKMの自己防御システムには，ロシアのL-150-30レーダー警報装置，南アフリカ製サーブ・アビオニクスのMAW-300紫外線ミサイル接近警報装置，LWS-310レーザー・イルミネーション警戒システムが含まれている。マレーシアのSu-30MKMは，ロシア製の自己防御用SAP-518とエスコート任務用のSAP-14エスコートジャマー・ポッドを携行する。インド向けのSu-30MKIは，イスラエル製のシステムに換装されている。対航空機用として前部胴体下部とコクピット後方の機体上部に備え付けられているESMシステムは，Su-30MKMの外観上のわずかな違いとなっている。

アルジェリアは，2006年（28機），2010年（16機），2019年（16機）と3回に分けてSu-30MKAを調達した。オリジナルの44機は，すべて第12防空航空団所属の四つの防空飛行隊，インビーダの第121飛行隊，

ワルグラの第122飛行隊，タマンラセットの第123飛行隊，レガンの第124飛行隊に配備された。Su-30MKI（A）と命名されたアルジェリアの機体は，インド製のタランMk2レーダー警戒レシーバーをロシア製のL-150-20パステルに変えた。対妨害装置をポッドで携行しないことを除いては，インドのSu-30MKIと同様のシステムを採用していた。特に派生型のSu-30MKAは，秘匿したデータリンクで情報を交換でき，タレス・ダモクレス・レーザー指示ポッドを使用している。

Su-30MKK，Su-30MK2

通常のSu-30MKは，複座の多用途戦闘機の二つの異なる形態で構成されている。IAZで製造されたフランカーHファミリーと，コムソモリスク・ナ・アムーレで製造されたフランカーGファミリーである。三番目のファミリーは，中国向けに新たに開発されたSu-30MKK（OKBの名はイズデリエ10-4PMK-2/T-10MKK）だ。これはSu-27UBの機体を基準としたもので，火器管制システムは標準型よりもダウングレードしたものだった。初期のSu-30MKK型（二つ目のKはロシア語の中国の頭文字）は，N001VEレーダーとカセグラインN001レーダー・アンテナを搭載している。これは，輻射器を使用して凹型をした放物線状の第一の反射器，そして，凸型をした第二の反射器に電磁波を向けるシステムだ。二つの反射器は，共通の焦点があり，供給されたエネルギーは第二の反射器を照らし，それが第一の反射器に反映されて望ましい前方ビームを形成する。さらに，分離しているSUV-P1I火器管制サブシステムは，レーザーとTV誘導の空対地ミサイル双方を管制することが可能だ。

コムソモリスク・ナ・アムーレで製造されたSu-30MKは，すべてロシア製であり，輸出制限を受けない。そのため，制裁を受けている国に対しても機体を売却することができる。

中国は，2000年から2003年にかけてSu-30MKKを76機，2004年にSu-30MK2を24機調達している。それは，中国人民解放軍海軍航空隊用だった。Su-30MK2が装備している，異なるコンピュータ・チャンネルがあるN001VEPレーダーは，合成開口レーダーモードで地形表示が可能であり，地表目標を指定し，Kh-31A対艦ミサイルを制御できる。のちに中国はロシアからの軍用機の調達を止め，自国でJ-16（殲撃《せんげき》16型）戦闘機の開発を始めたが，実際にはSu-30MK2の国産版とも呼ぶに等しいものだった。

コムソモリスク・ナ・アムーレ航空機製造協会（KnAAPO）は，5カ国からSu-30MKシリーズの輸出の発注を受けている。中国人民解放軍空軍は，KnAAPOが開発したSu-30を受領した最初の顧客だった。1996年にロシアと中国は，ロシアのシステムではSu-30MKK，中国名はJ-13（殲撃13型）のジェット戦闘機38機を中国人民解放軍空軍に供給することに合意した。J-13の仕様は，AL-31Fエンジン，CFRP平板型垂直尾翼，BTsVM-486デジタル・ミッション・コンピュータを内装した6インチ×8インチのMFI-10-5カラー・多機能ディスプレイ，SUU-VE空対空火器管制システムは，空対地モードも有して，N001VEレーダーが基礎のRLPK-27VEレーダー，プログラム変更が可能な処理装置バジェット55，妨害対処用のMVK-RL多用途データ処理システムを含んでいる。中国のジェット戦闘機には，またOLS-30 IRSTユニット，ソーラKヘルメット搭載型サイト，SUV-P空対地火器管制システム，ILS-31ヘッドアップディスプレイ，敵味方識別装置を含むOEPS-30 EO/IR目標指定システムが装備されている。

Kh-31 ミサイル 性能諸元

	Kh-31P	Kh-31A	Kh-31PM (PD)	Kh-31AM (AD)
最大射程	110km（59海里）	50km（27海里）	180~250km（97~135海里）	120~160km（65~86海里）
最小発射距離	15km（8海里）	7.5km（4海里）	15km（8海里）	
発射高度	330~49,000フィート（100~15,000m）	330~33,000フィート（100~10,000m）	330~49,000フィート（100~15,000m）	330~49,000フィート（100~15,000m）
発射速度	マッハ 0.65~1.5	マッハ 0.65~1.5	マッハ 0.65~1.5	マッハ 0.65~1.5
最大速度	マッハ 2.93	マッハ 2.93		
巡航速度	マッハ 1.76~2.05	マッハ 1.76~2.05		
発射重量	600kg（1,323ポンド）	610kg（1,345ポンド）	715kg（1,576ポンド）	715kg（1,576ポンド）
弾頭重量	87kg（192ポンド）	94kg（207ポンド）	110kg（243ポンド）	110kg（243ポンド）
全長	4.70m（15フィート 5インチ）	4.70m（15フィート 5インチ）	5.34m（17フィート 6インチ）	5.34m（17フィート 6インチ）
胴体直径	360mm（14.2インチ）	360mm（14.2インチ）	360mm（14.2インチ）	360mm（14.2インチ）
全幅	914mm（36インチ）	914mm（36インチ）	954mm（37.6インチ）	954mm（37.6インチ）

KnAAZのSu-30MKプロトタイプ。機番501。1999年3月にジューコフスキー空軍基地で初飛行中。写真の機体は，R-73E，Kh-31P，Kh-59MEのキャプティブ弾を搭載している。（©スホーイ）

KnAAZが製造した標準型。機番は04。カナード周辺に飛行雲を生じている，全可動カナードによって高いエネルギー機動能力を確保した。機体の主翼は揚力を生み，湿気を含んだ空気によって翼上の圧力は低くなる。湿気を含んだ大気が露点温度以下に下がると飛行雲が生じる。（©スホーイ ）

2002年に人民解放軍海軍・空軍のために発注された中国の第2の機種は、Su-30MK2と呼ばれている。その形態は新型のパンダ・レーダー，Kh-31A対艦ミサイルと改良型ヘッド・アップ・ディスプレイを内装したSh-101VEP火器管制装置を装備していた。

2003年にインドネシアが発注し，2000年代に取得を予定していた2機のSu-30MKKと14機のSu-30MK2は，ウジュン・パンダンのインドネシア空軍ハサヌディン空軍基地で運用することになった。Su-30は，Su-27SKとSu-27SKMを装備している第11飛行隊に配備された。

ベネズエラは，2006年7月に，中国のSu-30MKK型と仕様が同様のSu-30MKVを24機発注した。ベトナムは，最終的に，2009年，2010年，2013年の3回に分けてSu-30MK2Vを32機発注した。

ウガンダがロシアにSu-30MK2を

Su-30の攻撃能力

Su-30は，Su-27フランカーの多用途任務型，旧来のSu-27にはない空対地兵器の運用能力がある。Su-30MKI とSu-30MK2に搭載された兵器は，実質的にはSu-27と同じである。インドのSu-30MKIは，一義的には制空戦闘機だが，中国のSu-30MK2は，より攻撃任務に焦点を当てている。ミサイルには，固体推進剤を使用したモーターで構成された二段階の推進装置と，ケロシンによるラムジェットで作動するモーターが装備されており，52,500フィート（16,000m）でマッハ3.5，海面上でマッハ1.8で飛翔する。Kh-31ミサイルは，その高速性能によりSu-30に搭載される兵器のなかでは，最も強力な兵器だ。そのなかで最も多用されているミサイルはKh-31Pで，L-111，L-112，L-113の3種類のパッシブ・ホーミング・シーカーを選択できる対レーダー・ミサイルである。

第二のKh-31Aミサイルは，30km（16海里）のロックオン能力をもつRGS-31アクティブ・ホーミング・シーカーを搭載した対艦ミサイルだ。発射前と発射後それぞれのタイミングでロックオンする運用モードがある。Kh-31の飛行テストは，1982年5月に行われた。ミサイルの生産は，1987年にコロレフ工場で始まり，現在は戦術ミサイル会社で生産している。生産は，ソ連の崩壊で一時ストップしたが，中国，インド，ベトナム，イエメンへの輸出のために1997年に再開された。その後，ロシア空軍向けにも生産された。

ロシアは，1994年の発注をもとに，Kh-31PのKR-1（中国とロシアの頭文字）型を開発。この型は，のちに中国でYJ-91（鷹撃《ようげき》-91）と命名された。Kh-31AミサイルとKh-31Pミサイルの標準型は，Su-30MKKとSu-30MK2用として共に中国に売却された。

トゥラエヴォを拠点とするソユーズ技術設計局とカルトゥコフを拠点とするイスクラ技術設計局の二つの組織は，31DPと呼ばれ，改良型の推進システムを開発した。積載燃料の増加と制御システムを向上させた対レーダー・ミサイルのKh-31PMと対艦ミサイルのKh-31AM（Mは改良の意味）の二つのミサイルが開発された。推進システム，積載燃料の増加，制御システムの向上が図られた相乗効果によってこれらのミサイルは重量の増加を招くことなく射距離の延伸に成功した。Kh-31PMミサイルは，胴体を延伸（4.70m/15.4フィート～5.34m/17.5フィート）させ，燃料搭載量を増やし，敵の対空兵器の交戦可能空域の外から多様な地対空レーダー・システムを探知可能なアフトマティカL-130マルチバンド・パッシブ・ホーミング・シーカーを装備し，改良された対妨害能力を有しており，能力を向上させ，大規模に改修された対レーダー・ミサイルだった。

高度49,000フィート（15,000m）をマッハ1.5で飛翔する場合の最大射程は，180～250km（97～135海里）に増大。Kh-31PM（Kh-31PD輸出型）の生産は，2012年に開始された。

同様に，RGS-31（U505E）を改良したKh-31AM（Kh-31AD輸出型）ミサイルのアクティブ・ホーミング・シーカーは，性能と対妨害性が向上した。シーカーを製造しているラジオプリボール社によれば，U505Eの重量は39kg（86ポンド）で，目標の探知距離は，40km（21.6海里）と向上し，誘導時は水平角＋/－20度，垂直角＋10/－20度で運用できるとのこと。ちなみに，Kh-31AMは，レーダーMMS科学研究会社で開発された。

6機調達する交渉をしていることを最初に報道したのは，ウガンダ新聞だった。最初の2機は2011年7月8日に，An-124ルスラン輸送機で空輸された。次の2機は10月に到着し，三番目は2012年初めに到着した。2011年11月21日にウガンダ・デイリー・モニター誌は，1機のSu-30がエンテベ国際空港に機体を仰向けにして着陸しようとしていると報道した。ウガンダ人民防衛軍空軍に配備されたすべてのSu-30MK2は，エンテベ国際空港の東側にある軍事基地で運用された。

ロシア国防省は，新たなソフトウェア・モード，国産敵味方識別装置，データリンクを装備したSu-30M2（Su-30MK2にロシア空軍の要望を取り入れた型）を調達した。2009年（2010年と2011年に配備）8月に4機，2012年（2013年と2016年に配備）12月29日に16機の調達が発注された。これらの機体は，訓練機で，単座機の27SMとSu-35Sを装備している飛行隊に配備された。これは，現在KnAAZが，Su-35Sの生産に移行しつつあるためであり，これ以上Su-30MKの製造ラインを維持して生産を継続することが期待できないからだ。

第7章
Su-30SM フランカーH

ピョートル・ブトウスキがロシア独自のSu-30SMの詳細を説明する。

ロシア海軍航空隊のSu-30SMは，Il-78マイダス空中給油機から接続して給油できるドローグ式の給油口を取り付けた。（©ロシア国防省）

海外の顧客に向けて製造していたころから時が経ち，ロシア国防省はSu-30SM（SMは連続した近代化の意味）と命名された高性能のSu-30を自国の空軍用戦闘機として発注することを決めた。Su-30SMは，イルクート社で製造された機体で，NATOはSu-27フランカーHと報告していた。

ロシア空軍は，複数の契約で120機もの機体を契約した。そのうちの92機は空軍用で，28機は海軍航空隊用だった。

Su-30SMは，2012年9月21日にイルクーツクで初飛行し，その後，試験的にアフトゥビンスクの第929国家飛行試験センターに配備された。チタ市の南にあるドムナ空軍基地は，Su-30SMの飛行隊が最初に配備された基地だった。ドムナ空軍基地の第120混成防衛飛行連隊は，2013年11月に最初の機体を受領した。二番目にSu-30SMを受領したのは，ウクライナとの国境にあるミレロボ空軍基地の第31防衛戦闘飛行連隊で，2015年10月から配備が始まった。

一方，クリミアのサキ基地に展開していたロシア海軍第43独立海軍航空連隊では，2014年12月にSu-30SMの運用を開始した。次にSu-30SMが配備されたのは，チカロフスク航空基地（バルト艦隊）の第72防衛海軍航空基地であり，続いてセヴェロモルスク の第3航空基地（北方艦隊）の第279艦載戦闘飛行連隊に配備された。2019年12月にロシア国防省は，20機のSu-30M2改修

リペツク空域で空中給油訓練中のロシア空軍Su-30SM。（©ロシア国防省）

型を含む134機のSu-30SMを受領した。これによってSu-30SMはロシア軍で使用される機体としては最多の機数を誇ることになり，それまでの10年間，国外への輸出を主体として生産してきた状況を大きく変えることとなった。

カザフスタンは，2014年(4機)，2015年(8機)，2018年(12機)と3度にわたってSu-30SMを発注した。24機はすべて，北部のアクトベにあるカザフスタン航空防衛軍第604空軍基地に配備された。別の3カ国もまたSu-30SMを発注したが，これら発注国は，アルメニア(8機)，ベラルーシ(12機)，ミャンマー(6機)で，機体はSu-30SMEに変更された。

輸入代替

ロシアのSu-30SMの形態は，インドのSu-30MKIと同じものだった。RLSU-30MK-RバーズR(N011M-R)レーダー改良型は，インド製のコンピュータを使用していたが，別の運用モードも付加され，ロシア製の敵味方識別装置とL-150 Pパステル・レーダー警戒レシーバーが内装されている。フランス製の装備として，サゲム・シグマ95NAA慣性航法システム，タレスSMD-55/SMD-66多機能ディスプレイ，CTH 3022ヘッド・アップ・ディスプレイ，TLS 2020/NC 12戦術航法レシーバーは残った。ウクライナのキエフで製造されたスラKヘルメット・マウント・サイトも装備された。

ロシア空軍 Su-30 配備部隊

●直轄部隊		
第4国家航空個人訓練軍用試験センター	Su-30SM	リペツク
第929国家飛行試験センター	Su-30M2	アフトゥビンスク
●東部軍区		
第22戦闘飛行連隊	Su-30M2	ツェントラーナヤ・ウグロヴァヤ
第23戦闘飛行連隊	Su-30M2/ Su-30SM	コムソモリスク・ナ・アムーレ・ドジョムギ
●東部軍管区		
第3防衛戦闘飛行連隊	Su-30M2	クリムスク
第31防衛戦闘飛行連隊	Su-30SM	ミレロボ
第38戦闘飛行連隊	Su-30M2	セバストポリ・ベルベック
第120混成防衛飛行連隊	Su-30SM	ドーマ
●ロシア海軍航空隊		
第72防衛海軍航空基地	Su-30M2	チカロフスク
第43独立海軍航空連隊	Su-30SM	サキ
第859戦闘適用乗員訓練海軍航空隊	Su-30SM	エイスク

Su-30SMから空対空ミサイルを２発発射しているすばらしい写真。（©スホーイ）

2014年，ウクライナとロシアはクリミアとドンバスという二つの地域の領有をめぐって紛争になった。西側諸国は，ロシアが輸入代替によってさまざまな装備品の能力向上を図るため，ロシア国外からの部品，あるいは構成品レベルでの取得の妨害を狙いとして，報復制裁を科した。これら制裁の対象となったものには，BINS-SP-2慣性航法システム（Su-35に搭載中），MFI-66ディスプレイ，IKSh-1KI-1ヘッドアップディスプレイ，VIM-95/VND-94 TACANレシーバー，NSTs-T-03ヘルメット・マウント・サイトなどがある。

2016年初め，ロシアは自国のシステムのみを装備したSu-30SMの輸出バージョンであるSu-30SMEの国外への売り込みを開始した。

更なる改善

ロシア当局は，Su-30SMの能力を向上させるため，新型のミッション・コンピュータを導入し，R-77-1/R-74M空対空ミサイル，Kh-31M/Kh-35U/Kh-38M空対地ミサイルを採用するなど，さまざまな計画が進行中だ。

レーダーの向上策は，二つのステージで計画された。最初のステージは，インド製のコンピューターを国産のものに換装することで，第二のステージは覆域の拡大，対妨害能力の向上と新たな運用モードにより性能を強化することだった。運用中のパッシブ・アレイをアクティブ・アレイに交換して，Su-57のN036レーダー・アンテナと統合することが検討されたものの，最終的には採用されなかった。

2013年，ロシア国防省は，カルーガのKNIRTIに多くの戦闘機用として，新型のL-420キビニーU（Uはおそらく統合の略号）自己防御装置を発注し，それをSu-30SMに最初に搭載した。そして，新型のS-107-2通信装置にもまたL-420キビニーU自己防御装置が搭載された。

Su-30SMの攻撃能力

全幅：14.7m（48フィート２インチ）
全長（プローブなし）：21.93m（71フィート 11インチ）
全高：6.4m（20フィート11インチ）
標準離陸重量：26,090kg（57,519ポンド）
最大離陸重量：34,000kg（74,957ポンド）
最大許容離陸重量：38,800kg（85,539ポンド）
最大速度：マッハ1.9
最大速度（海面上）：時速730ノット（1,350km/h）
G制限：9G
実用上昇限度（無武装）：56,758フィート（17,300m）
最大航続距離：3,000km（1,620 海里）
最大航続距離（海面上，最大燃料，R-27 2発，R-73 2発搭載）：1,270km（685 海里）
離陸距離（標準離陸重量）：550m（1,804フィート）
着陸距離：750m（2,461フィート）
エンジン：AL-31FP推力偏向ターボファン２基，122.6キロニュートン（27,562ポンド），アフター・バーナー使用

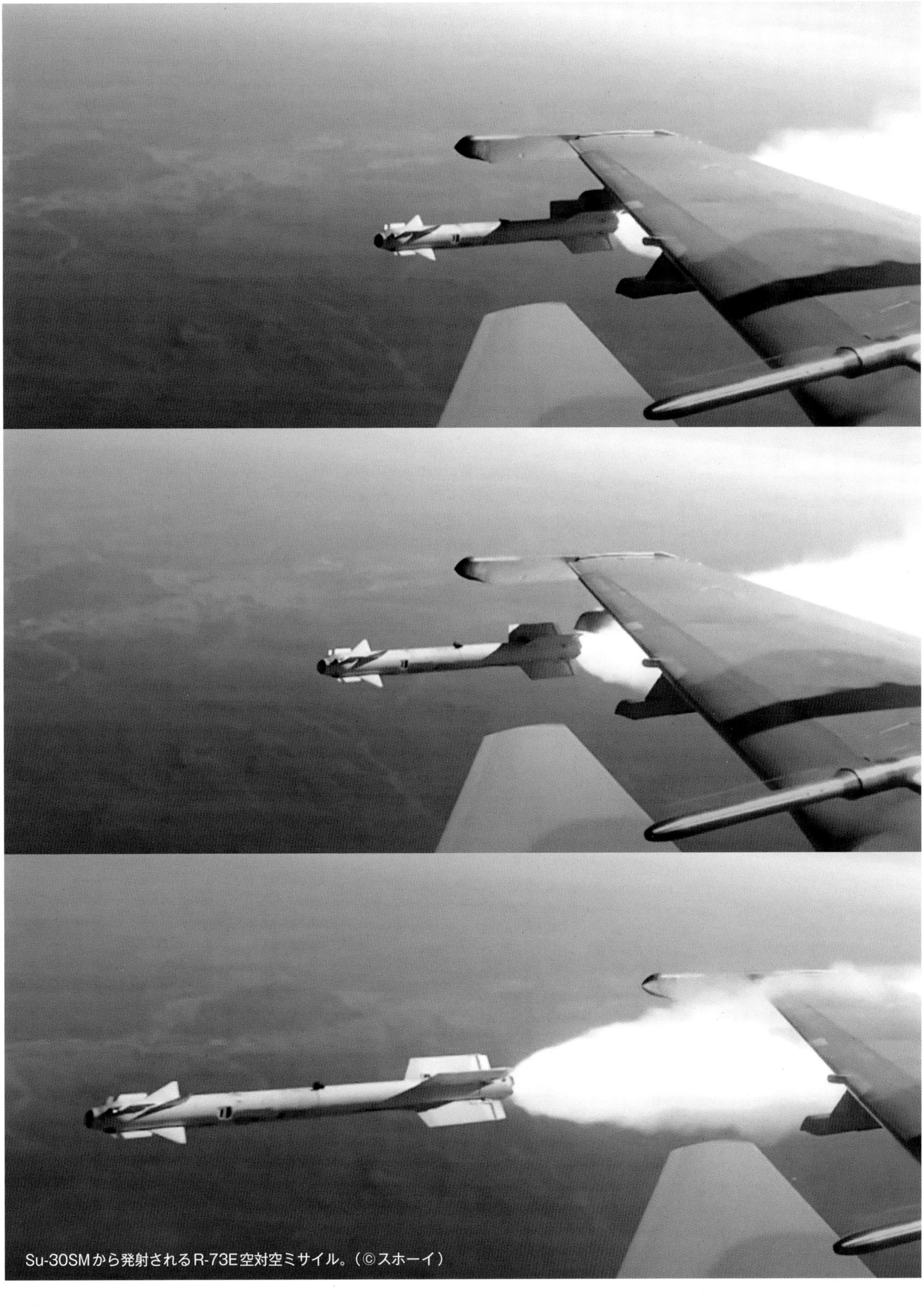

Su-30SMから発射されるR-73E空対空ミサイル。（©スホーイ）

第8章

Su-33
フランカーD

ロシア海軍航空隊によるSu-33フランカーDの運用について，ピョートル・ブトウスキが解説する。

ロシアの空母「アドミラル・クズネツォフ」に1機のSu-33が着艦しようとして，制動索に向かっている。別のSu-33は，甲板に（固縛されて）駐機している。（©スホーイ）

Su-33は必ずしも幸運な航空機と呼べるものではなかった。1980年，艦載機S-33フランカーD（Su-27K，OKBの名称はT-10K）は，空母航空隊を構築しようとしていたソ連海軍にとって重要な戦闘機だった。ソ連が崩壊したとき，1隻の空母が運用されていた。現在，ソ連海軍の提督の名をとって「アドミラル・クズネツォフ」と呼ばれている。別の2隻は，ウクライナのムィコラーイウ造船所で建造された空母「ヴァリャーグ」と空母「ウリヤノフスク」だった。ロシアは，予算不足により空母建造を止めたが，ウクライナ自体も空母を必要としてはいなかった。このため空母「ヴァリャーグ」は売りに出され，中国が購入して遼寧省に移動して整備した。一方の空母「ウリヤノフスク」はドックで解体された。ロシアには現在次の空母建設の計画はなく，新たなスーパー空母の開発を近い将来においても，進める兆候は見受けられない。

1980年初めからある計画によれば，空母「アドミラル・クズネツォフ」で運用する艦載機として優先順位第一で開発されたのは，Yak-41垂直着陸戦闘機だ。しかし，ともに高い推力重量比が要求されていた第4世代戦闘機のMiG-29とSu-27は，スキージャンプ台を使用すれば従来の空母のように運用できることがわかった。その後，ニトカ（地上研究訓練組織）でのテストで，MiG-29KとSu-27Kが空母の運用に適していることが確認できたので，Yak-41の開発は中止された。

ソ連は空母艦載機の整備を支援するため，1982年にクリミヤのサキ市近くのノヴォフェドロフカ海軍航空基地に施設をつくった。ニトカの施設では，スキージャンプ台の付いた甲板を研究していた。最初のT-1試験台は，高さ5.0m（16フィート），スロープ角8.5度のスキージャンプ台だった。

1982年8月28日，パイロットのニコライ・サドビニコフは，Su-27プロトタイプT10-3（機番310）を操縦し，最初にT-1試験台から離陸した（MiG-29機番18は，8月21日に初めてT-1試験台から離陸した）。この

僚機からの空中給油

Su-33は，胴体下の燃料ポッドを統一したUPAZ-1Kを携行することにより，僚機から給油を受けることができる。

UPAZ-1Kポッドの内径は52mm（2インチ）で26m（85フィート）の長いホースで毎分2,300リッター（607ガロン）の燃料を送ることができる。ホースの拡張と格納，自動給油は，機外から電力を得ることなく，ラム・エア・タービンを利用する。

空中給油は，重要な能力だ。なぜなら，空母「アドミラル・クズネツォフ」は，蒸気カタパルトではなくスキージャンプ台を備えているが，スキージャンプ台で発艦するためには最大離陸重量に制限があるからだ。。

Su-33がその任務遂行に必要とされる兵器を搭載した場合，最大離陸重量の制限によりその積載燃料は制限せざるを得ない。具体的にはSu-33の最大離陸重量は，26,000kg（57,320ポンド）と報告されており，この数値の範囲内で燃料積載をある程度抑えたとしてもミサイルの搭載可能弾数は4発に過ぎない。

離陸テストによって，スキージャンプを使って離陸するには広範な改修が必要なことがわかり，結果として改良型のT-2が1984年に完成した。T-2試験台は，高さ5.6m（18フィート），長さ53.5m（175フィート），幅17.5m（57フィート），スロープの角度は14.3度。Su-27試作機T10-25がT-2試験台で離陸テストを開始し，1981年9月1日には制動フックを使用して着陸した。

　スホーイと中央空気力学研究所は，空気力学による解析によってカナードを取り付けた新たな機体を開発したが，それは特にSu-33の離発着時に必要とされる高迎え角を低減させようとするものにすぎなかった。

　Su-33はSu-27の標準型と比較すれば，制動フック（制動傘はない）と長いストロークの衝撃吸収装置を取り付けた二重タイヤの強化型前輪が異なっていた。着艦速度を低減させるため，主翼後縁の外側には大きなフラッペロン（Su-27の60％）を取り付け，内側を2枚式のシングル・スロッティド・フラップに変更し，全翼スラットも装備された。空母の格納デッキに収容するため，Su-33の主翼と水平尾翼を折りたたみ，機首のレドームと尾部ブームを短縮してサイズダウンした。スホーイの設計者は，より小型のMiG-29Kとの競争によって，Su-33の駐機性能を向上させるためにあらゆる手段を講ずるよう要望されていた。

　Su-27Kの火器管制システムは，Su-27のS-27と比べて少し改良され（ほとんどがソフトウェア），RLPK-27K

Su-33の主翼が折りたたまれ，B88ロケット弾ポッド2基が主翼パイロンに取り付けられている。（©ピョートル・ブトウスキ）

(N001K)レーダー，探知距離向上型OEPS-27K電子光学目標指定システム，OLS-27K赤外線探知追随センサーが搭載されている。

レジスターK42ボート・システムで精度が向上した航法能力によって，自動または手動で空母への帰投が可能だ。搭載できる兵器の重量は，6,500kg(14,330ポンド)で，12のハードポイントで携行できる。兵器の選択肢はSu-27と同様でさらに，R-27/R-27E(中長距離型/距離延伸型)ミサイルとR-73(短距離型)ミサイルも含まれている。

一つのミサイル型のK-27EM空対空ミサイルは，特別にSu-33用として開発されたものであり，RGS-31セミ・アクティブ・データホーミング・シーカーを搭載し，海面上を低高度で飛翔する目標，特にトマホーク巡航ミサイルやハープーン対艦ミサイルに対して使用することを目的にしていた。しかし，K-27EMは1991年にテストを行う前に開発が中止されてしまった。オリジナルのSu-27のように，Su-33はグリヤゼフ・シプノフGSh-30-1 30mm機関砲一門を機内に装備している。純粋な艦隊防空用戦闘機で制空戦闘機でもあるSu-33は，空対地誘導ミサイルを搭載する機能をもたなかった。

ビクトル・プガチョフは最初のSu-27K T10K-1(機番37)を操縦して，1987年8月17日に初飛行し，それから26カ月後の1989年11月1日に黒海を航行中の空母「アドミラル・クズネツォフ」にSu-27Kを着艦させた。これは，実用のロシア機による初めての空母の着艦であり，同じ日に

Su-33の後部胴体の写真。水平尾翼は折りたたまれ，制動フックがある。(©ピョートル・ブトウスキ)

機番レッド68のSu-33は，ロシア海軍の空母「アドミラル・クズネツォフ」の飛行甲板から発艦する前に点検を行っている。（©スホーイ）

MiG-29K，Su-25UTGの着艦が続いた。

1990年から1991年に生産されたSu-27Kプロトタイプ2機（モスクワのスホーイ工場で製造したT10K-1，T10K-2）と7機の量産前の機体（KnAAPOで製造されたT10K-3 to T10K-9）は，飛行テストに使用された。その後，1993年から1996年にかけて，ロシア海軍航空隊に26機が配備された。

OKBは，1990年初めから「Su-27」と「Su-33」という呼び名を使用した。1998年8月31日，飛行テストと改良を終えて，空母で運用できるようになったSu-33はロシア海軍に配備され，初めて公式にSu-33と呼称された。

輸出先の顧客

スホーイの首脳は，Su-33の生産拡大はあり得ないだろうと予測し，それゆえ将来の利益はなくなる見込みということで，航空機開発への興味も失っていった。ただ，スホーイは，インドの空母「ヴィクラマーディティヤ」（前はソ連の空母「アドミラル・ゴルシコフ」）と中国の空母「遼寧」（前はソ連の空母「ヴァリャーグ」）が，艦上戦闘機を求めていることから，期間を限定でSu-33を改修することを計画していた。

1999年，スホーイはSu-33KM（KM

Su-33性能諸元

全幅：14.70m（48フィート 3インチ）
全長（プローブなし）：21.18m（69フィート 6インチ）
全高最大：5.72m（18フィート 9インチ）
荷物室幅（翼と水平尾翼折りたたみ）：7.40m（24フィート 3インチ）
荷物室長（機首と水平尾翼折りたたみ）：19.2m（62フィート11インチ）
翼面積：67.84㎡（730.2平方フィート）
水平尾翼幅：9.80m（32フィート 2インチ）
ホイールベース：5.87m（19フィート 3インチ）
ホイールトラック：4.44m（14フィート 6インチ）
標準離陸重量：25,000kg（55,116ポンド）
最大離陸重量：33,000kg（72,752ポンド）
最大着陸重量：24,500kg（54,013ポンド）
最大速度：マッハ 2.17
最大速度（海面上）：1,300km/h（時速808マイル）
着陸速度：240km/h（時速149マイル）
G制限：+8/-2G
実用上昇限度：56,000フィート（17,000m）
最大航続距離（空中給油なし，海面上）：1,000km（540海里）
最大航続距離（空中給油なし，標準高度）：3,000km（1620海里）
エンジン：改良型AL-31Fシリーズ3型ターボファン2基，各75.2キロニュートン（16,909ポンド），アフターバーナー使用時各122.5キロニュートン（27,558ポンド），緊急時各125.5キロニュートン（28,219ポンド）

は商用近代化型）の改良機の提案を準備したが，それは当初の兵器に加えて多様な別のミサイルなどの搭載を含んだものだった。しかし，予定されていたのはRVV-AE空対空ミサイル6発，Kh-31空対地ミサイル（Kh-31A対艦ミサイル，Kh-31P対レーダー・ミサイル）6発，Kh-59M距離拡大型TV誘導ミサイル2発，Kh-29電子光学誘導型短距離ミサイル2発，KAB-500/KAB-1500誘導爆弾2発だった。

N001Kレーダーの改良は，またSu-30MK2のシステムとして提案され，二つの大型多機能ディスプレイがコクピットに置かれた。Su-33KMが，いまだ構想段階にあった時点で，戦闘機型の練習機としてSu-27KUBのプロトタイプの製造が進められることとなったため，これをSu-33UBの派生型としての位置づけとし，Su-33 T10K-4として試作・改修し，1999年4月29日に初飛行を行った。

9月6日，機体はナトカのスキージャンプ台から発進し，10日6日に初めて空母「アドミラル・クズネツォフ」に着艦した。インドのパイロットは，9月にサキでSu-27KUBの慣熟飛行を行った。機体は，中国の関係者にも公開された。

中国に紹介されたSu-27KUBの機体は，新型機と言ってもいい機体だった。その例としては，並列複座のコクピットによって全幅はSu-33より1.66m（5フィート4インチ）長い16.36m（53フィート7インチ）の尾翼と4枚の安定板も拡大した。この改修によって，Su-27KUBは練習機というよりはむしろ，戦闘機とみなされる機体になった。

2001年，Su-27KUBにはファゾトロ

Su-33の機体中央にセットされたUPAZ-1K空中給油ポッド。このシステムで，Su-33は僚機からの空中給油を受けることができる。（©ピョートル・ブトウスキ）

ンN010ゾーク・レーダー（MiG-29Kに採用）を搭載した。そのレーダーは，2年後に試験的にソコルN031ゾークMSFパッシブ電子走査アレイ・レーダーに換装された。

2002年にAL-31FP推力偏向型エンジンが，Su-27KUBに搭載された。しかし，結局インドは2004年にMiG-29を選定し，中国はウクライナから調達したSu-33試作機T10K-7をもとに国産のJ-15（殲撃-15）艦載機の採用を決定したため，スホーイは艦載機の開発を断念し，MiG-29Kにその道を譲った。

シリアへの遠征

Su-33の完成機が26機配備されたが，そのうちの5機は部隊で失われた（失われたのは，1996年に機番65，2000年に機番73，2001年に機番70，2005年に機番82，2016年に機番67）。ほかの1機は，配備される前の1994年に墜落で失われていた。T10K-1試作機とT10K-8試作機は，これもそれぞれ1988年と1991年に墜落で失われている。

ロシア海軍航空隊のSu-33は，北方艦隊隷下のセヴェロモルスク第3航空基地の第279独立艦上戦闘飛行連隊に配備された。部隊の正式名称は，第279スモレンスク独立艦上戦闘飛行連隊で，第二次世界大戦では撃墜王ボリス・サフォノフが赤旗勲章を受章している。

2016年10月15日，空母「アドミラル・クズネツォフ」は，シリアで行われた作戦に参加するため，原子力重巡洋艦「ピョートル・ヴェリーキイ」とほかの小型艦，そして軽巡洋艦「ムルマンスク」を伴って地中海を航行した。これは，空母「アドミラル・クズネツォフ」の6回目の地中海への派遣だったが，今回は初の実戦投入となった。10月26日，空母戦闘群はジブラルタル海峡を通過して地中海に入り，11月8日にシリア戦域に到着した。空母戦闘群の展開に先立ち，Su-33は数年にわたって計画されていながら実行されなかったさまざまな改修を，急いで行うこととなった。その改修のなかの一つが，もとの航法システムの一部を交換するものだ。低価格のSVP-24-33（特別コンピュータ・サブシステム）に切り替え，衛星通信レシーバーと結合した新型コンピュータと通信航法システムによってナビゲーション精度を向上するというものだった。

SVP-24は，もともとはジューコフスキーにあるジェフェスト&TがSu-24Mフェンサー戦術爆撃機用に開発したもので，コンピュータが2台から3台になり，航法の精度が向上していた。

SVP-24を装備する以前は，無誘導爆弾を投下するには水平直線飛行をする必要があったが，このシステムを装備したことで，Su-33は複雑な機動中でも無誘導兵器を投下することが可能となった。2016年夏にジューコフスキーにあるジェフェスト&Tで，少なくとも8機のSu-33（機番60, 67, 71, 77, 78, 84, 85, 88）の改修が行われた。この改修によって対地攻撃能力が付与されたもののSu-33は，依然として第一義的には制空戦闘機で，艦隊防空戦闘機としての任務が付与されていた。

ロシア海軍航空隊の編成基準では，空母「アドミラル・クズネツォフ」に乗り込む空母航空隊には少なくとも9機のSu-33が含まれている。機番は62, 66, 67, 71, 76, 78, 84, 85, そして88だ。リポートによれば，2016年11月15日に最初にシリアの目標を攻撃したのはSu-33のうちの4機で，各機は500kg無誘導爆弾を2発搭載していた。11月16日の作戦では，空母「アドミラル・クズネツォフ」から発艦したSu-33は，初めての戦闘任務に使用されたものの作戦上重要な位置づけをもった任務とは言いがたいものだった。

2016年12月3日に機番67のSu-33が地中海に墜落したが，それは着艦時に制動索が切れたことが原因だった。機体を停止させることができず，甲板をオーバーランして海に墜落したのだ。幸いなことに，パイロットは脱出して無事だった。ロシア海軍関係者と航空宇宙業界の発表を引用したロシアのメディアは，Su-33のパイロットが主脚の負荷が制限を超えて着艦したため，制動索の負荷が過重になって事故を起こしたと報道した。12月3日の主脚の長さを測定すると，4.7m（15フィート4インチ）だったが，制限値は4.2m（13フィート 8インチ）だった。

制動索の切断は，当初生産段階でのミスと言われたが，制動索のメーカーのサンクトペテルブルクのプルロタルスキー・ザボォードはこれを否定。ロシア海軍航空隊は，2005年9月5日に同じく制動索の切断によって大西洋で別のSu-33を失っていたのだ。

UPAZ-1Kポッドのホースの内径は52mm，長さは26mであり，毎分2,300リッター（605ガロン）の燃料を送ることができる。（©ピョートル・ブトウスキ）

第9章

Su-35 フランカーE

スホーイSu-35の開発を振り返ったピョートル・ブトウスキは，なぜスホーイが政府の支援を受けずに自社の資金によって開発を進めてきたかについて語った。

スホーイが，Su-35の開発に際し，政府からの資金を求めずに自己資金を投入したことについては二つ理由があった。第一の理由は羨望だ。2000年，IAZはインドやその他の顧客の要望によって，多用途戦闘機Su-30MKIの生産を始めた。ロシアでは，長年にわたってSu-30MKIは，最も進んだ戦闘機として生産されていた。ロシア航空宇宙工業界の組織改編の混乱のなかで，国営のIAZは民営化され，その後民間のイルクト社に合併された。

以前，イルクト社はKnAAPOを運営する，国営のスホーイ・ホールディングのパートナー（実際は競争相手）で，Su-27SK，Su-30MKK，そして中国向けのSu-30MK2フランカーを生産していた。新型のSu-35は,スホーイがSu-30MKIに対抗することを狙い，KnAAPOに対する競争力を取り戻す目的があった。

2003年7月，ロシア国防省は，新世代の戦術航空機先進航空複合体（PAK FA）に戦闘機（今日のSu-57）の製造を命令したことが，第二の理由だ。これはPAK FAの開発にあたって生み出されるさまざまな技術的な発展をSu-27フランカー改修型の設計に反映させるという枠組みが

©スホーイ

採用されたためである。

これ以降，Su-35は輸出型のみの生産として計画がスタートし，スホーイとそのパートナー企業の資金のみが投入されることになった。Su-35の試作機は，2003年12月にドバイ航空ショーでデビューした。

最初の開発計画は，Su-35BM（OKBはT-10BM。「BM」は主要改修の意味）と指定し，ロシア空軍の要求に応じて，T-10Mを改めて再設計することとなった。Su-35（Su-27Mとすることもある）とは呼称を区別していたものの，BMの略号は間もなく取り外されることになった。

なぜカナードは不要か？

Su-27の生産が始まって30年が経過したが，それぞれの原型機の多くが改修された。機体構造に新たな軽量金属が採用され，いくつかの理由により機首のカナードが取り外された。まず推力偏向ノズルによって機動性は格段に向上した。同時に推力偏向エンジンによって，翼の周辺で強い循環気流が生まれ，高迎え角時に大きな揚力を発生させることができ，カナードに期待される揚力は必要なくなるとともにカナードによって生じる抵抗が，むしろ飛行性能を

アビアダーツ演習2020で空中給油中のSu-35 RF-95242 レッド03号機。(©ロシア国防省)

アビアダーツ演習2020でディアギレフ空軍基地をタキシング中のSu-35の2機編隊。(©ロシア国防省)

低下させることが明らかになってきた。結果として，Su-27のカナードは，当初の利点が失われ，重量と抵抗の増加という欠点だけが残った。長い間のカナード機の開発を経て，スホーイの最新機種であるSu-35は，カナードのない古典的なSu-27の形態に逆戻りした。最も顕著な空気力学的形態の変更は，背部に大きなブレーキが必要なくなったことだ。代わりに，異なる方向に作動する方向舵によってエア・ブレーキの役割を果たすようにした。Su-35ならではの新しい特徴は，Su-57に搭載されたKSU-50と同様のKSU-35，4重のデジタル・フライ・バイ・ワイヤ・システムだ。

サターンのAL-41FISエンジン

Su-27は，2基のAL-31Fエンジンを装備しており，各エンジンの推力は122.5キロニュートン(27,558ポンド)。エンジンの改修は，第一に取り扱いのよさ，そして寿命延長のために続けられたが，エンジンの推力向上は試みられなかった。スホーイの技術者たちはSu-35の設計に際し，搭載エンジンを換装することを視野に入れていた。これは主として同時並行的に設計を進めていた新世代戦闘機T-50 PAK FAに搭載予定のAl-41エンジンの存在があった。AL-41を改造し，Su-35用に開発されたAL-41F1S(イズデリエ117S)エンジンは，コントロール装置を内装しており，AL-41F-1(イズデリエ117)エンジンの派生型だった。

PAK KAでは，AL-41F1エンジンのコントロールは，機体の操縦装置で行った。AL-41F1Sは，AL-31FPのアップグレード型で，もともとは902mm(35.5インチ)だったファンの直径は，932mm(36.7インチ)と大きくなり，推力は緊急モードで142.2キロニュートン(31,967ポンド)もある。2004年3月5日，Su-27Mテスト機(機番710)が，AL-41F1S試作型エンジンを右ナセルに搭載してテスト飛行を行った。

Su-35の燃料積載容量は，Su-27より20%も多い。Su-35の主要な機能は，二つのバジェット-53のコンピューターを取り入れたIUS-35中央ミッション・プロセッサーで制御するKPrNO-35S目標航法装置システムが，すべてのシステムとセンサーを統合していることである。作戦情報は，ラメンスコエ計器設計局(RPKB)が製作した，2台の380mm MFI-35多機能表示とKAI-35ヘッドアップディスプレイでパイロットに表示される。従来，火器管制装置と航法システムなどのシステム統合は，RPKBが行ってきたものだが，Su-35の開発におけるシステム統合の責任はOKBが担うこととなる。同様の枠組みで，戦術航空機先進航空複合体の機材についてもスホーイがシステム統合を実施している。

ティコミロフNIIPイルビス・レーダー

Sh135イルビス(スノー・レオパード，輸出用はイルビスE)電波探知システムは，N135レーダーとキビニーM対電子対策装置で構成されてい

アビアダーツ演習2020に参加したロシア空軍ディアギレフ空軍基地のSu-35 RF-81865号機。(©ロシア国防省)

る。N135レーダーは，ティコミロフNIIPで開発され，リャザン国営計器工場で製作されたN011Mの改良型で，Su-30MKIに装備された。

Su-30シリーズのレドームは，上部に蝶番が付いたレドームだったが，Su-35のレーダー・アンテナは，取り外し可能なレドームに格納されている。

レーダー・システムは，パッシブ電子走査アレイ，2台のコンピュータ，ソロ35.01（最初の信号処理装置）とソロ35.02（データ処理とレーダー管制）で構成されている。

バーズ・レーダーと比較すれば，イルビス・レーダーの利点は，広域帯の運用周期数，（アンテナの改良と2段階送信による）水平角＋／−125度の大きな捜索域，より強力な発信機による探知距離の拡大，妨害に対する強い抵抗性で，飛行目標は，50km（27海里）先で探知でき，特に輸出型のイルビスEレーダーは，50〜100m（164〜328フィート）の間隔の目標を区分して識別できる。

イルビスEレーダーは，空中の30目標の捜索中に追尾でき，そのうちの8目標は，十分な正確さで擬似連続追尾できるため，中距離空対空ミサイルで同時交戦できる。セミ・アクティブ・レーダー誘導ミサイル（目標照射は必要）であれば，同時に2目標と交戦可能だ。空対地モードであればイルビスEレーダーは，同時に四つの地上目標と交戦できる。最大出力20kW（標準出力は5kW）による,いわゆる長距離捜索モードは，捜索範囲は制限されているが，イルビスEレーダーでは，戦闘機程度の大きさの目標では，前方接敵で350〜400km（189〜216海里），後方接敵で150km（81海里）で探知できるのが利点だ。

カルーガ近傍のジューコフのKNIRTIが製作したL265M10Rキビニー M対電子戦装置は，偵察と対電子戦の装置だ。標準HF帯（H-J）を使用するキビニー M装置の一部は，機体のなかに取り付けられており，必要に応じて中波帯（E-G）でのシステムの能力を向上するために翼端にポッドを二つ装備できる。ロシア戦闘機の典型的な装備として，Su-35には二つの目標センサーが装備されている。それは，空対空戦闘用のOLS-35赤外線捜索追随センサー（IRST）と電子光学装置を構成する空対地戦闘用KOEP-35ポッドである。

世界のSu-35部隊

●中国人民解放軍陸軍航空隊

遂渓《すいけい》空軍基地，広東，第6飛行旅団

●エジプト空軍

24機は2018年の契約の後に調達した。

エジプトの4機（Su-35）は，2020年6月にKnAAZにあった。Su-35は，第104戦闘飛行旅団の母基地である，地中海沿いのマンスーラ空軍基地に拠点を置くことになりそうだ。

●インドネシア国軍，空軍

2018年に契約が調印され，11機が発注された。

Su-35は，第3航空団がある中部ジャワ州のイスワヒュディ空軍基地に配置することになりそうだ。

●ロシア空軍直轄部隊

ウラジミロフカ，第929国家飛行試験センター

リペツク，第4国家飛行個人訓練軍事試験センター

●東部軍区

コムソモリスク・ナ・アムーレ，ヨムギ，第23戦闘飛行連隊

ツェントラーナヤ・ウグロヴァヤ，第22戦闘飛行連隊

●西部軍区

ベソヴェツ，第159戦闘飛行連隊

ホチロヴォ・ボリソフスキー，第790戦闘飛行連隊

レニングラード近くのトヴェリで訓練中のR-27/R-7/R-77空対空ミサイルを搭載したSu-35。(©ロシア国防省)

ジェギレヴォ空軍基地のフライトラインにいるSu-35。(©ロシア国防省)

モスクワにある科学生産企業精密機械システムが製作したOLS-35赤外線捜索追随センサーは，コックピットの前に搭載されている。センサーには，中距離赤外線（波長3～5μm）と標準光学モードを使用した電子光学カメラ，レーザー測距計，目標指示装置がある。反射器の走査角度は，水平面で＋／－90度，垂直面で－15度／＋60度である。Su-30は，戦闘機程度の目標であれば，前方接敵の場合は90km（49海里），後方接敵の場合は35km（19海里）で探知できる。レーザー測距器は，空中目標は200m～20km（656フィート～11海里），地上目標は30km（16海里）で探知できる。

機体側面の空中給油用プローブ。この写真は，F-35前部胴体のOLS-35ターレットであり，ミサイルの接近警報とレーザー警戒センサーが内装されている。(©ピョートル・ブトウスキ)

Su-35は初めからすべてロシア製の機材で製作された。その理由は2014年に西側諸国の制裁が始まったため，国外から機材を調達できなくなったからである。

そのなかで数少ない例外が，ウクライナの会社アーセナルが設計して製作した，スラMヘルメット・マウント・サイトだった。しかし，その後，ウクライナ製の機材の調達は中止され，ロシア製の機材が取り込まれることになった。エレクトロヴトマティカのNSTs-T HMSは，当初，Yak-130戦闘練習機用として開発されたが，これを改修しNSTs-T-04としてSu-35に適合させている。

自己防御用センサー

科学生産企業精密機械（NPK SPP）は，電子光学偵察（SOER）ミサイル発射/接近警戒システムを製作した。SOERは，中波赤外線センサー6台，赤外線捜索追随センサー（IRST）近くに前方監視装置1台，コクピット後方に後方監視装置1台，前部胴体側方に監視装置2台，機首下のポッドに前方警戒装置1台と後方警戒装置1台で構成されている。赤外線センサーは，3～5μmのバンド幅で機能し，10km（5海里）からの個人携行対空ミサイル，

30km(16海里)からの空対空ミサイル，50km(27海里)からの地対空ミサイルの発射を検知できる。レーザー・サブシステムは，前部胴体側方にレーザー警戒装置を2台搭載し，30km(16海里)の航空機のレーザー追尾を行う。NPK SPPによれば，SOERシステムは，探知した航空機とミサイルの位置についての正確性は1度，そしてレーザー方向探知の正確性は5度向上していことがわかっている。

Su-35のレーダー警戒レシーバーは，オムスクのオートメーション中央設計局(TsKBA)が製作したL150-35パステルであり，ほかのL150型レシーバーと比較すれば，1.2～40 GHz(典型的なレシーバーは18 GHzまで)のバンド帯で運用でき，その方位分解能は3～5度で，さらに対レーダー・ミサイルに対する目標指示も可能である。Su-35はエンジンノズルの間の突起部に，14発のデコイを内装したUV-50デコイ・ディスペンサーを6基設置している。初期のころの機体では，6基のディスペンサーはすべて上方に向けて設置されていたが，最近の機体では下方に向けた二つのカセットに入っている。

新型ミサイル

Su-35が搭載できる兵器は8,000kg(17,637ポンド)で，12個のハードポイントで携行し，RSUO-35PS搭載兵器管理システムで運用される。空対空ミサイルについては，ロシア製ミサイルをSu-35に搭載する許可を得ているが，まもなく新型ミサイルが配備される予定だ。2012年7月27日，Su-35はR-73と推測される誘導ミサイルのSu-35による初めての発射を行った。

Su-35に搭載できる空対地兵器は，Kh-31PM/Kh-58USh対レーダー・

新型空対空ミサイル

	R-74M (RVV-MD)	R-77-1 (RVV-SD)	R-37M (RVV-BD)
最大射程	40km(21海里)	110km(59海里)	200km(108海里)
シーカー最大射程	15~20km(8~11海里)	―	40km(21海里)
最小発射距離	300m(984フィート)	300m(984フィート)	―
目標高度	66~65,617フィート(20~20,000m)	66~82,021フィート(20~25,000m)	49~82,021フィート(15~25,000m)
最大目標 G荷重	12g	―	8g
自重	106kg(234ポンド)	190kg(419ポンド)	510kg(1,124ポンド)
弾頭重量	8kg(17ポンド)	22.5kg(50ポンド)	60kg(132ポンド)
全長	2.92m(9フィート 7インチ)	3.71m(12フィート 2インチ)	4.06m(13フィート 4インチ)
胴体直径	170mm(6.7インチ)	200mm(7.9インチ)	380mm(15インチ)
全幅	510mm(20.1インチ)	420mm(16.5インチ)	720mm(28.3インチ)
翼幅	385mm(15.2インチ)	680mm(26.8インチ)	1.02m(40.2インチ)

Su-35の動力であるAL-41FISターボファン・エンジン。ウファ・モーター技術製造社が製作している。(©ピョートル・ブトウスキ)

OLS-35球状ガラス・ターレットによってコクピットの前方と右側に画像が映し出される。(©ピョートル・ブトウスキ)

ミサイル，Kh-31AM/Kh-35U/Kh-59MK対艦ミサイル，多様なシーカーの汎用型Kh-38M空対地ミサイル，250kg（551ポンド）/500kg（1,102ポンド）/1,500kg（3,307ポンド）誘導爆弾である。スホーイは，またSu-35に推奨できる別の兵器についても公開している。それはたとえば，ヤーホント・カリバーA大型対艦ミサイルだ。

新たな世代の当面のロシア製空対空ミサイルには，ヴィンペルが開発中のR-74M短距離ミサイル，R-77-1中距離ミサイル，R-37M長距離ミサイルがあり，それらはすべて，Su-35やほかの戦闘機用だ。これらの3タイプは現在生産中だが，一方で次世代のK-74M短距離ミサイル，K-77M中距離ミサイル，イズデリエ810長距離ミサイルは現在テスト中である。

K-74Mミサイルは，R-73ミサイルの発達型で，2波の赤外線を使用した新型のインパルス90高性能シーカーとデジタル信号処理を備え，オフ・ボアサイト角（母機と目標の位置を機首から測った角度）が向上している。シーカーを除けば，ミサイルの外形に違いはない。K-74Mは，2012年10月3日に公式評価を終えて正式にR-74M（Kは開発フェーズの名称であり，軍ではRである）と命名され，ロシア空軍に配備された。K-74Mには二つの派生型がある。これは，レーダー近接信管を取り付けたR-74MK，レーザー・ヒューズを取り付けたR-74MLだ。さらに，輸出型として短距離空対空ミサイルRVV-MDがある。

R-74Mシリーズの生産は，2013年からモスクワのデューク社で始まった。しかし，インパルス90シーカーがウクライナで生産されていたため製品が不足し，すぐに製造は中止になってしまった。ロシアはこの問題を解決するために努力したにもかかわらず，ウクライナ製のシーカーを国内製品に変えることはできなかった。中距離ミサイルでは，2010年9月にR-77の改良型のR-77-1の初の発射をSu-27MS3から行った。これらの2タイプは輸出型であり，それぞれRVV-SDとRVV-AEと命名された。RVV-AE基本型と比較すれば，R-77-1の特徴は，ノーズコーンを流線形に成型し，操舵をたためるようにして胴体下部を円形に成型したことだ。管制システムのソフトウエアとシーカーの改良，強力な送信機，高性能受信機によって対妨害能力が向上している。

R-37Mミサイルと輸出型のRVV-BDミサイルは，新たな長距離空対空ミサイルで，2011年にMiG-31が初めて発射した。国家の受領評価は2014年初めに終わり，コロリョフ

Su-35 性能諸元

全幅：14.7m（48フィート 2インチ）

全幅，翼端ポッド付き：15.3m（50フィート 2インチ）

全長：21.9m（71フィート 10インチ）

全高：5.9m（19フィート 4インチ）

標準離陸重量（空対空ミサイル4発搭載）：25,300kg（55,777ポンド）

最大離陸重量：34,500kg（76,059ポンド）

最大速度（36,000フィート/11,000m）：マッハ2.25

最大速度（海面上）：マッハ1.14

実用上昇限度：59,000フィート（18,000m）

加速性能（1,000m / 3,281フィート，燃料50%）：時速320～時速590ノット（600～1,100km/h）まで13.8秒，時速590～時速700ノット（1,100～1,300km/h）まで8秒

最大上昇率（1,000m/3,2812フィート，燃料50%）

G制限：9G

最大航続距離（機内燃料最大，海面上，マッハ0.7）：1,580km（982マイル）

最大航続距離（機内燃料最大，高高度）：3,600km（2,237マイル）

最大航続距離（2,000リッター/440 ガロン，機外タンク2個）：4,500km（2,796マイル）

離陸距離（標準離陸重量，最大推力）：400～450m（1,312～1,476フィート）

着陸距離（標準着陸重量，制動傘使用）：650～700m（2,133～2,297フィート）

エンジン：推力偏向AL-41FISターボファン・エンジン2基，最大推力86.3キロニュートン（19,401ポンド），アフターバナー推力137.3キロニュートン（30,865ポンド），緊急推力142.2キロニュートン（31,967ポンド），.予備エンジンATA14-130-35

最新の空対空ミサイルである，長射程のR-37M，中射程のR-37-1，短射程のR-74M。（©ピョートル・ブトウスキ）

ASu-35に搭載されたKh-35U対艦ミサイル。（©ピョートル・ブトウスキ）

KnAAZで製作された最初のSu-35試作機機番901。デモンストレーション飛行の上昇中に前縁より飛行雲を生じている。（©スホーイ）

の戦術ミサイル社の工場で生産がスタートした。二重モードの固定燃料式ロケット・モーターを装備したR-37Mは高く打ち上げた後，弾道プロファイルで飛翔し，最終段階はX/Kuバンドの二波のアクティブ・レーダー・シーカーで誘導された。ミサイル・シーカーは，少なくとも40km (21海里)で，レーダー反射断面積5㎡（54平方フィート）の目標にロック・オンできる。現在，ロシア空軍でR-37Mミサイルを携行する主な戦闘機は，MiG-31BM迎撃機だが，多くのミグ戦闘機とスホーイ戦闘機にも装備できる。Su-35は，R-37Mミサイルを4発搭載している。2発は胴体下部のエンジンの間に前後して搭載し，2発は翼下内側パイロンに搭載する。

運用者

Su-35はSu-27SM3に更新され，複座のSu-30MK2はKnAAZで生産中だ。輸出仕様のSu-35 901号機は，2008年2月19日にセルゲイ・ボグダンの操縦で飛行した。902号機は，2008年10月2日に飛行し，904号機が続いたが，904号機は2009年4月26日の初飛行時に滑走路上で炎上してしまった。904号機は，最初に全装備を取り付けた機体だが，テスト飛行には何カ月もの期間を要した。903号機は，地上試験用だった。最初の生産標準型T10BM-1は，2009年2月19日に初飛行し，同年10月2日にT10BM-2が続いた。当初，Su-35は新世代機のT-50PAK FAが実用化されるまでの中継ぎでしかなかった。しかし，Su-35の立場は急激に変化することになる。これはロシア国防省が10個ある戦闘飛行連隊の装備機数36機をすべて高価なPAK FAに更新することは，コスト高になると結論づけたためだった。そこでPAK FAに比べ，質素

Su-35のコクピット。(©スホーイ)

で低価格の戦闘機が必要になったロシア空軍は，少なくとも3,000km（1,620海里）の航続距離を要求したが，これに該当する機体はSu-35（Su-35SMも同様）のみだったのだ。このため，Su-35はロシア空軍のなかでの位置づけがPAK FAを補完する戦闘機ということになった。

この構想により，ロシア空軍は，国際宇宙航空ショー2009のさなか，ジューコフスキー航空機工場からSu-35S戦闘機を48機調達した。これらの機体は，2015年までに配備された。

2011年5月3日，Su-35S-1（三番目に飛んだSu-35）は，コムソモリスク・ナ・アムーレでSu-35Sとして最初に飛行した。

2011年5月28日，Su-35Sは各種資格証明の認定を受けるため，アフトゥビンスクの軍事評価センターに移動した。2番機のSu-35S-2は，2011年12月2日に初飛行し，2012年1月17日に3番機のSu-35S-3，2012年2月19日に4番機のSu-35S-4が続いた。

4機（機番01から04）は，すべてテスト機として使用されたが，航空電子機器の統合に関して生じた深刻な問題を解決するため，その期間が2017年秋まで要し，テスト飛行の計画は大幅に遅れた。いわゆる国家評価の第二ステージと呼ばれるこのテストは，ロシア空軍の要求を完全に満足させる機体を製作するための重要な段階を示すものだった。必要書類は2017年10月2日に調印された。

国家評価の第一ステージが成功に終わったことから，Su-35Sの飛行部隊への配備は数年前倒しで始まった。2014年2月12日，コムソモリスク・ナ・アムーレ近くのドジョムギ空軍基地所属の第23戦闘飛行連隊において，最初に配備する12機の受け入れ儀式が行われた。その後の機体は，2015年7月にウラジオストク近くのツェントラーナヤ・ウグロヴァヤ空軍基地の第22戦闘飛行連隊に配備された。2015年12月にロシア国防省は，50機を発注したため，全部で98機になった。

2016年1月末，ロシア空軍の4機のSu-35は，戦闘機部隊の爆撃機護衛能力を強化するため，シリアに展開した。それは，2015年11月に，Su-24爆撃機がトルコ空軍のF-16のAIM-120 AMRAAMミサイルによって撃墜されたためだった。シリアに展開したSu-35は，R-27R/R-73空対空ミサイルに加え，R-77-1中距離空対空ミサイルも運用した。

ロシアのSu-35は，必要に応じ250kg無誘導爆弾を使用しているところを目撃されている。ロシア当局は，シリアではSu-35は，空対地誘導兵器を使用していると主張しているが，これまでSu-35が空対地誘導兵器を使用している写真が公開されたことはなかった。

ロシア空軍は，シリアの飛行隊ではSu-35パイロットを交代で勤務させたが，それはすべてのパイロットに戦闘を経験させるためだった。2017年8月，ロシア国防大臣代理ユーリ・ボリソフは，「Su-35はシリア戦で大きな貢献を果たした」と述べている。

フィンランド国境近くのカレリアのベソベッツ空軍基地は，第159戦闘飛行連隊の母基地であり，2016年12月6日に最初のSu-35を4機受領した。続いて，2018年12月にモスクワとサンクトペテルブルクの間にあるコティロボの第790戦闘飛行連隊に配備された。

2018年8月，第23戦闘飛行連隊のSu-35編隊は，千島列島の択捉島《えとろふとう》のヤースヌイ飛行場に恒久的に展開（機体と搭乗員は毎月交代）し，その部隊展開は日本との平和条約の締結と，将来の島嶼《とうしょ》の領有権をめぐるロシア政府の立場を強化することを目的としていた。2020年夏，ロシア空軍はSu-35を90機受領し，ドジョムギの2個飛行隊，ツェントラーナヤ・ウグロヴァヤの1個飛行隊，ベソベッツの2個飛行隊，コティロボの1個飛行隊に割り当てた。そのほかのSu-35は，アクチュビンスクとリペツクの評価センターに配備された。8機のSu-35Sの配備は，2020年末までとなっており，ロシア国防省との契約に基づいたものである。

2016年12月に最初のSu-35 4機が中国に到着したが，それらは中国が受け取った初めてのスホーイ新戦闘機だった。続いて，2017年と2018年にロシアから10機が引き渡された。Su-35の輸出契約書は，長く待たれていたが，2015年11月に，ようやく中国国防省との間で締結された。中国に引き渡したSu-35の機体構成との大きな違いは，中国のSu-35は中国製の装備と兵器に適用させたため，いくつかのアンテナを変更したことだ。

第10章
Su-34フルバック

ピョートル・ブトウスキが，ロシアの最新の戦術爆撃機Su-34フルバックの歴史と優れた特徴について紹介する。

シリアのバッシャール・アル=アサド大統領に忠誠を尽くす政府軍を支援するため，フメイミム空軍基地から作戦を始めたロシア空軍戦闘部隊には，最新鋭のSu-34フルバックが4機あった。4機は，12月初めにブトゥルリノフカ空軍基地の第47混成飛行連隊に配備された。ロシア空軍は，シリアに派遣されているSu-34の機数を増やそうとし，別の8機を黒海沿岸のクリムスク空軍基地に配備し，作戦を開始した。2015年11月20日には，クリムスク空軍基地からSu-34が出撃している。

ロシアのウラジミール・プーチン大統領がシリアへの飛行部隊の展開を命ずる前，Su-34テスト機は複数の紛争地域において，敵の防空レーダーに対する妨害任務に投入された実戦経験を積むことになる。

2000年と2002年，Su-34（機体はたぶんT10V-1型）は，チェチェン共和国でロシア空軍の編隊を防御するためにキビニー妨害システムを使用していた。別のT10V-7とT10V-8は，2008年にグルジアで戦闘任務に就いていた。ロシアは，Su-34に装備されているキビニー妨害システムについては，戦闘中に高い信頼性が確認されたと公式に発表した。

歴史

Su-27フランカー（T-10）の攻撃機化について，最初の構想が生まれたのは1977年のことだった。攻撃型開発の方針は，Su-27の機体は可能

Su-34試作機，機番は44と343，S-25 330mm誘導ロケット弾４発の一斉射撃。（©スホーイ）

な限り少ない改修ながら，システムとセンサーは現存する別の攻撃機のものを使用することだった。作業は遅々として進まなかったが，それはソ連空軍が，このカテゴリーの新型機を必要としているかどうか不確かだったからである。1986年,新攻撃機はSu-27IB（戦闘爆撃機型）のT-10Vを改修し，空対地ミッションが行えるように最適化させたSh141レーダー・システムを搭載することが決まった。Sh141レーダーは，90トンのT-60Sのために開発されたものだった。しかし，同年Su-24フェンサー戦術爆撃機の包括的な改修型Su-24BMは，非現実的だとして捨て去られた。その結果，Su-27IBは戦術爆撃機，そしてSu-24の後継機として，ロシア空軍の未来の戦列に加わることになったのだ。1986年6月19日，ロシア政府は，Su-27IBの生産を決定。Su-27IBの開発計画には「フーラー」のコード名が付与された。この機体がのちのSu-34である。

最初のプロトタイプT10-Vは，Su-27UBに新たな前部胴体を取り付けた機体であり，モスクワのスホーイ工場で改修が行われた。それ以外の部位には変更はなかった。機番42は，1990年4月13日にアナトリー・イワノフの操縦で初飛行し，のちに自己防衛システムの試作に使用された。L175Vキビニー10Vを搭載して初飛行し，1995年1月18日に機材を変更した。テスト飛行は2005年まで続けられた。

それ以降のSu-27IBの生産は，NAZで行われた。当時，工場ではSu-24を生産していた。NAZでは，Su-34は「イズデリエ（製品）66」と呼ばれた。初号機T10V-2（シリアル番号00-01，機番43）はノボシビルスク航空機工場で完成し，1993年12月18日に初飛行した。

増加した重量に対応して，機体の着陸装置が強化され，主脚の車輪は前後二輪とした。T10V-2の存在は，1994年に明らかになり，Su-34と呼ばれていることが判明。のちにロシア空軍も正式にSu-34と呼称した。

次のT10V-0とT10V-3は，地上の疲労試験に使われた。1994年12月28日にT10V-5（シリアル番号01-01，機番45）は飛行した。T10V-5は，レニネッツV004パッシブ電子走査アレイマルチモード・レーダーを初めて搭載した機体だった。2000年10月31日，T10V-5はレーダーを搭載し，黒海上空の射撃訓練でKh-31A対艦ミサイルを発射した。

生産機数が少ないにもかかわらず，T10V-4（シリアル番号00-03，機番44）は2年後に完成し，1996年12月25日に飛行した。T10V-6（シリアル番号01-02，機番46）は，1997年12月27日に飛行し，続いてT10V-7（シリアル番号01-04，機番47）が2000年12月21日に飛行。テストと評価用の機体T10V-8（シリアル番号01-05，機番48）は2003年12月20日に飛行を果たした。

2003年12月，ロシア空軍はSu-34に，新たな性能要求を示し，これに基づいて機番46と機番47に続いて機番48の機体にも改修が施され，テスト

この写真のSu-34は，前後二輪の主脚で着陸している。（©ロシア国防省）

この前方からの写真によって，Su-34は並列座席で．前方胴体が厚みのない形状であることがよくわかる。（©ロシア国防省）

が幾度となく繰り返された。

2006年9月30日，機体はロシア空軍が示した性能要求に基づく国家評価の第一ステージを終え，初期の運用段階への承認がなされた。

第二ステージは2006年12月28日から始まり，2011年2月3日まで続いた。2011年9月19日，ロシア空軍参謀総長アレクサンドル・ゼリンは，Su-34の導入を推奨する文書にサインした。ロシア大統領が正式文書にサインして，Su-34は2014年3月18日に空軍部隊に配備された。

発注と配備

ロシア国防相は，2005年に18機のSu-34を生産する最初の契約にサインした。機体は，2008年までに配備される予定だった。2006年12月15日，ロシア空軍はNAZで最初のSu-34（機番01と機番02）2機を正式に受領したが，完成していたのは機番01のみだった。結局，ほかの機体は2007年8月にリペックの第4国家航空要員訓練軍事試験センターに送られた。

2007年と2008年の配備計画は，完全に失敗に終わった。機番03は2008年に配備され，さらに機番04と機番05が2009年12月に続いた。5機の配備を終えた後，18機の契約はキャンセルされたが，それは，2008年12月10日に，ロシア国防省がすでにSu-34を32機取得するという別の契約にサインしていたからだ。この32機はすべて，2010年から2013年の間に配備され，続いてロシア国防省は2012年2月に92機のSu-34を追加契約。これでSu-34の生産機数は129機に拡大した。そして機体の生産配備は，その年に終了した。1月半ばには127機がロシア空軍の部隊に配備された。

完成した5機（機番01から機番05）はすべてリペックの第4国家航空要員訓練軍事試験センターに送られ，そのなかの2機（機番01と機番03）は，アフトゥビンスクの第929国家飛行試験センターで国家試験を受けた。

Su-34は2010年から作戦部隊に配備され，Su-24Mフェンサーと交代した。最初の4機は，2010年12月にヴォロネジの第47混成飛行連隊に配備された。この飛行連隊には，2013年10月までに24機のSu-34が配備されて機種更新を終えた。2014年，この飛行連隊はヴォロネジの滑走路とフライトラインの修理が終わるまでの3年間の期限付きでブトゥルリノフカ空軍基地に移動した。

2013年11月18日，最初のSu-34がモロゾフスク空軍基地の第559独立爆撃飛行連隊に到着。現在に至るまでに，全部で36機が配備された

右急旋回中のSu-34。(©ロシア国防省)

ことになる。次にSu-34に更新する飛行部隊は，クルバ基地とモンチェゴルスク基地の部隊だ。

1995年夏に話を戻すと，Su-34(機番45)は，2年前のSu-34(機番44)に続いてパリ航空ショーに現れたが，売り込みは成功しなかった。海外のどの顧客もSu-34の生産に予算を割こうとしなかったからだ。2000年に3回目の海外向けプロモーションが行われた。Su-34(機番45)は，ファンボロー航空ショーに参加し，Su-32FN海軍型とSu-32MF多用途戦闘型に並んで展示された。この時点でも，スホーイのSu-34は海外からの発注を受けていない。

フルバック・システム

Su-34標準型爆撃機の主要任務は戦術航空阻止であり，それは前線の後方150～500km (80～270海里)にある通信中枢，補給処，輸送車両等の高価値目標を攻撃することである。機体の航空電子機器はすべてRPKB K-102目標航法システムでコントロールされ，システムには中央コンピュータ，データ・ディスプレイ・システムを含むもので，目標指定，航法に使用される。

胴体腹部のI255 B1/02プラタン・レーザーTV目標システムは，エカテリンブルクのウラル光学機械工場で製造されたもので，レーダー誘導兵器を目標へ指向させる。巡航飛行中ではレンズは胴体に格納，攻撃中は露出する。K-102は複合的なデータバスを通してSh-141レーダー，S-103ラジオ通信器，飛行管制装置(SAU-10V)，機材管理(SUO-10PV)の機能確認装置と連動する。

火器管制は，V004レーダー，キビニー対電子戦装置，623D敵味方識別装置で構成されたレニネッツSh141が

ロシア空軍，Su-34フルバック配備部隊

●直轄部隊
リペツク　第4国家航空要員訓練軍事試験センター
アフトゥビンスク　第929国家飛行試験センター
●中央軍区
チェリャビンスク　第2混成飛行連隊
●東部軍区
クルバ　第277爆撃飛行連隊
●南部軍区
モロゾフスク　第559爆撃飛行連隊
●西部軍区
ヴォロネジ　第47独立混成飛行連隊

高高度を訓練飛行中のSu-34。(©ロシア国防省)

Kh-31ミサイルを搭載しているロシア空軍のSu-34。（©スホーイ）

行い，そしてすべての装置はK-030B（バゲット10V）コンピュータが処理する。

V004レーダーは，多機能パッシブ電子走査アレイのXバンド（波長30mm）レーダーであり，空中の10目標に対し捜索と追尾が可能。そのうちの4目標，そして，同時に地上の4目標と交戦が可能である。目標の探知距離については，大型艦艇は135km（73海里），鉄橋は100km（54海里），移動中のトラックは30km（16海里），そして戦闘機サイズの航空機は120km（65海里）だ。

Su-34の自己防御機能については，搭載する対レーダー・ミサイルにも使用が可能なL-150パステル・レーダー警戒レシーバーと，敵のレーダー源を探知し，識別し，特定して対策を講ずるKNIRTI L265Vキビニー MV自己防御用対電子戦装置がある。

機材ボックスはコクピットの後ろにあり，アンテナは翼端の二つの大きなポッドに内装されている。初期型にはL175Vキビニー 10Vを搭載している機体もある。

チャフとフレアー放射器は，2基のエンジンの間にあり，50mm（2インチ）弾を8発格納している。Su-34は，12のパイロンに兵器を携行する。6個は翼下，2個は空気取り入れ口のダクトの下，2個はエンジンの間に前後して携行する。兵器の総重量は8,000kg（17,637ポンド）で，9,000kg（19,841lb）までの増加を計画している。このような重武装が可能ではあるものの，実際にシリアの戦闘における武装は，公開された公式写真によれば，攻撃任務で，500kg KAB-500S GPS誘導爆弾を2発，または250kgか500kgの無誘導爆弾を4発搭載というやや簡易とも言える武装で運用されている。ロシア空軍の公式ビデオでは，Su-34は残弾を残し

予備電源と7個のチャフ・フレア投射装置。それぞれ50mm弾を8発充填でき，エンジンの間にある尾部のふくらみに内装されている。（©ピョートル・ブトウスキ）

モロゾフスク空軍基地の第559爆撃飛行連隊に配備されたロシア空軍のSu-34。クルガン訓練空域での攻撃訓練を終えて帰還しようとしている。（©ロシア国防省）

たまま帰還している。翼端には通常キビニー対電子戦ポッドを携行するが，そのほかの兵器としてR-73空対空ミサイルも搭載している。翼端に近い外側の翼下パイロンは，比較的軽量の短距離空対空ミサイルの予備であり，残りの8個のパイロンはより重い兵器に対応する。

Su-34は，Kh-59M TV誘導空対地ミサイル，Kh-31P超音速対レーダー・ミサイル，Kh-31A対艦ミサイル，Kh-29T/Kh-29L TV/レーザー誘導ミサイル，R-27視程外空対空ミサイル，R-73短距離空対空ミサイルで構成される武器の適合評価を終えた。

今後も新型ミサイルは，テストを受けて部隊に配備されていく予定だ。2010年に新型の対艦ミサイルKh-35Uと新世代の空対地ミサイルKh-38Mは共に，Su-34から初めて発射されている。この両ミサイルは，現在も運用中である。そして，2012年4月，Su-34でのテスト結果を踏まえて，飛距離を延長したKh-31PMミサイルの生産が始まった。

Su-27フランカーの派生型に共通しているSu-34の武装は，30mm GSh-

301機関砲であり，150発の弾丸と共に右翼ストレーキ内に内装されている。

特別仕様のSu-34フルバック

Su-34は二つの派生型を検討する計画があり，いずれも，新たな装備を機体に内蔵するものだった。一つは，電子攻撃型Su-34P（Pは妨害の意味）で，コーカサス妨害装置を装備。もう一つは偵察型Su-34R（Rは偵察の意味）で，BKR-3偵察システムを装備する計画であったものだ。いずれも高価格となったため，最終的には採用されてはいない。

コーカサス妨害装置とBKR-3偵察システムは，ポッドに入っており，翼下のパイロンに吊り下げる形式をとり，開発努力を活用することになった。電子妨害装置は，標準型のL175V/L265Vキビニー装置より大きな出力と広い周波数帯の送受信システムで，翼下の4つのポッドを携行する。それぞれのシステムには二つの基本ブロックがある。それは，探知して目標（敵のレーダー情報）の識別と位置を特定するための受信機と適切な対電子対策を講ずるための発信機だ。

ポッドのタイプは，L175VU-1とL175VU-2と呼ばれるもので，もとのL175VとL265Vシステムは同様の周波数帯で作動するが，強力な妨害電波発信機能をもつため受信機を必要としない。2台のL175VSh-1とL175VSh-0は，異なる周波数帯を使用しており，作動はより複雑になっている。L175VU-1，L175VU-2そしてL175VSh-1は，2013年に生産を開始し，2015年末から部隊配備が始まった。

2007年4月11日，カルーガ通信技術研究所はL700タランチュラをもとにした，新たな随伴機専用妨害ポッドの研究と開発を受注した。それはSu-34だけでなく，ほかのロシア戦術機にも搭載できる機材だった。複数のL700型（A，B，V，G，Dの各型）が計画された。いずれも特定の周波数帯を使用するが，開発計画は2014年の完成前に中止された。

偵察装置は，UKRポッドに内装されたBKR-3（イズデリエM400）だ。このシステムの研究開発計画には，シウゼット（目的）というコード名がつけられた。

モスクワのクロン科学研究所で製作された主要センサーは，M402ピ

Su-34フルバック 性能諸元

全幅：14.7m（48フィート2インチ）
全長、プローブなし：23.33m（76フィート6インチ）
全長：24.8m（81フィート4インチ）
全高：6.084m（19フィート11インチ）
カナード幅：6.4m（20フィート11インチ）
ホイールベース：6.6m（21フィート7インチ）
ホイールトラック：4.4m（14フィート5インチ）
最大離陸重量：45,100kg（99,428ポンド）
離陸重量、500kg（1,102ポンド）爆弾6発，空対空ミサイル4発，燃料11,400kg（25,133ポンド）搭載：39,260kg（86,553ポンド）
離陸重量，空対空ミサイル4発，燃料6,000kg（13,228ポンド）搭載：30,500kg（67,241ポンド）
最大速度，高高度，無武装：マッハ1.6
最大速度，海面上，無武装：マッハ1.06
航続距離，500kg（1,102lb）爆弾6発，空対空ミサイル4発，機外タンク搭載，海面上：1,750km（1,087マイル）
航続距離，500kg（1,102ポンド）爆弾4発，空対空ミサイル4発，機外タンク搭載，高高度：3,000km（1,864マイル）
航続距離：4,000km (2,485 マイル)
離陸距離：1,260m (4,134フィート)
着陸距離：1,100m (3,609フィート)
着陸距離，制動傘使用：950m（3,117フィート）
G制限，500kg（1,102ポンド）爆弾6発、空対空ミサイル4発搭載：5.5G
G制限，空対空ミサイル4発搭載：7.5G
乗員：2名，左席はパイロット，右席は航法/兵器システムオペレーター，Zvezda K-36D-35 0-0射出座席
エンジン：Saturn AL-31F シリーズ23型ターボファン・エンジン2基，最大74.5キロニュートン（16,755ポンド），アフターバーナー使用時122.6キロニュートン（27,558ポンド）

低高度から上昇中のSu-34。（©スホーイ）

カ側方監視レーダーで，UKR-RLポッドに内装されている。M402レーダーの重量は350kg（772ポンド）で，Xバンド帯（7.7GHz）を使用し，地上では幅60km（37マイル），海洋では両側120km（75マイル）を走査する。線形導出は，地上走査で2～5m（7～16フィート），海上走査で6～20m（20～66フィート）だ。

第二は，アントラクトTVカメラ（高度500m/1,640フィートからの分解能は500mm/20インチ）を内装したUKR-OEポッドとM433ラドガVM線形赤外線スキャナーで，赤外線スキャナーは摂氏0.3度の温度変

化を感知する。

第三は，UKR-RTポッドで，モスクワにある中央通信技術研究所が製作したアントラクト信号情報システムを内装している。各ポッドにはセンサーと同様にデータ処理装置を内装でき，リアルタイムでダウンリンクできる広域帯のデータリンクがある。三つのKURポッドはすべて，Su-34の基本性能を向上させるため，シッチ（小さなフクロウ）というコード名がつけられた研究開発計画でテストしている。OKBは，2012年12月29日に国防省とシッチ研究開発計画を契約した。

シッチ研究開発計画が完了することによって，Su-34Mの能力向上が終わり，製造が始まることが期待された。

シッチ研究開発計画はサブ・プロジェクトに分けられ，最良の戦況表示を確保するため，UKR-OE，UKR-RL，UKR-RTの各センサーを統合した。そしてラジオ電子システム社は，V004MレーダーとK-030BMコンピュータで構成されるSh141レーダー・システムを，標準型Sh141M規格に改良した。Su-34Mの形態には，さらに近代化されたK-102M目標航法システム，そして新しいタイプの兵器と装備が望まれた。

ロシア国内の報道によると、国防省はUACに現在、旧型のSu-24Mフェンサーを装備している二つの飛行連隊のすべての機体を新型に更新するため、スホーイとSu-34戦術爆撃機を76機購入するという複数年契約を発注した。機体はロシアの国家軍備計画2027に沿った形で配備されることになる。

また別のロシアのメディアによる報道によれば，改良されたSu-34フルバックには，Kh-101（通常型簡易型）航続距離3,500km（1,890海里），Kh-102（核兵器型）航続距離5,500km（2,970海里）の2種類が搭載可能であることも判明した。UAC会長のユーリ・スリュサーは，Su-34改修型の戦闘能力はさらに2倍になったと発言した。

ロシア空軍は，2027年までにSu-34を127機，Su-34Mを76機配備する予定である。

第11章

Su-57フェロン

ピョートル・ブトウスキがロシアの新世代スーパー・ファイター Su-57の概要を紹介する。

2018年8月22日，ロシア国防大臣代理のアレクセイ・クリボルチコとUAC会長のユーリ・スリュサーは，ロシア空軍に配備するため，初めて2機のSu-57の契約にサインした。調印式のさなか，クリボルチコは「初号機は2019年に部隊に配備する」，さらに2020年までに「15機のSu-57を部隊に配備したい」と述べた。これは，2020年までに60機を生産し，またさらに2025年までに150機から160機を生産する計画としていた当初の表明を大きく後退させたものとなった。

なぜSu-57のプログラムはその勢いを減じることになったのだろうか？　公式な見解としてはロシア副首相のユーリ・ボリソフの，2018年7月のテレビインタビューからわかる。そのインタビューでは，Su-35に焦点を置き，当初の計画が大幅に減速・縮小された背景について次のように発言していた。「Su-35は世界でも最良な航空機の一つと見られている。それゆえ，今日，第五世代戦闘機Su-57を大量生産する必要性は見当たらない。Su-57はロシアの航空戦力にとっての切り札だ。世界の主要国で使用されている現世代の戦闘機から立ち遅れが懸念されるような状況が生じたときに初めて，切り札のSu-57というカードを真剣に検討することになるだろう」。

ボリソフはロシア連邦国防大臣代理に就任したときも同様のことを発言している。2015年3月初め，ボリソフがKnAAZを訪問したとき，Su-30M戦闘機とSu-35戦闘機の低価格を踏まえれば，Su-57の取得機数は

T-50-1の初飛行は10年前であるが，現在はピクセル化された色彩に塗装されている。モスクワのジューコフスキー空軍基地に着陸するT-50-1。（©スホーイ）

スホーイによれば，2018年にT-50-3は，S-70オホートニク無人戦闘機と連携して初めて飛行した。Su-57は，S-70オホートニクのシルエットを含んだピクセルカラーで塗装されていた。（©スホーイ）

2020年まで当初の見積りよりも減少できるだろうと語った。2017年8月，ボリソフはロシアのテレビに対し，「Su-57の開発は，いまだ第一段階にあり，今後の発展の余地は十二分にあるものの，現段階においてSu-35は，Su-57に対して性能が劣っているというわけではない」とも述べている。

Su-57の取得機数を減じる理由は，おそらく第一段階にある試作機に不具合が見つかったことだろう。ボリソフの言葉は，新たに開発されたSu-57が，必ずしもSu-35より優れているわけではないということを言っているのだろう。

Su-57に求められる性能を満たすには，必然的に現行で量産されてい

T-50-3（右側）はR-73ミサイルとR-77ミサイル，T-50-4（左）は2発のKh-31ミサイルを搭載している。（©ピョートル・ブトウスキ）

る戦闘機の価格を越えたものとなるにもかかわらず，ロシア国防省は，Su-57プログラムに対するインドからの資金援助を引き出すことがいまだにできていない。

テスト計画

スホーイSu-57（IKBの部内呼称はT-50）は，戦術航空機先進航空複合体PAK FAのプログラムとして，その開発は1998年ごろに始まった。T-50 PAK FAの正式名称にSu-57が選ばれたのは，Su-57が段階的に発展してきたスホーイの制空戦闘機シリーズのなかの最新機であり，かつての機体には，それぞれSu-27，Su-37,そしてSu-47というように「7」がつけられていた背景がある。

シリーズ最初のSu-27は1982年に完成し，その後ロシア空軍戦闘機部隊の主力となった。Su-37はテスト機であり，原型は1994年に登場したSu-27M機番711で，推力偏向エンジンを搭載したテスト機であった。

Su-57の興味深いアングル。エンジンは，アフターバーナーを使用しており，尾部を見れば胴体をどのように短縮したかがわかる。（©スホーイ）

©スホーイ

Su-47ベルクトは1997年に完成した別のテスト機で，スホーイは当初，前進翼を装備した新世代の戦闘機を製作しようとしていた。

2002年4月26日，ミコヤン設計局との戦闘機開発競争にスホーイの提案したT-50が選ばれ，2003年7月21日にスホーイは，ロシア国防省からT-50プロトタイプの設計，製作，試験についての正式な契約を受領した。

T-50は，超音速巡航，超音速機動，ステルス，そしてセンサーを融合したアメリカの新世代戦闘機に匹敵するものだった。T-50のレーダー反射断面積の低減に大きく貢献した特徴は，ウェポンベイ（爆弾倉）の採用，角ばった小平面で胴体側面，翼，胴体表面を構成したことだ。T-50がロシア極東のコムソモリスク・ナ・アムーレで2010年1月29日に初飛行して以来，すでに10年が経過していた。

2017年末までの終了を要求されていた，T-50の国家評価の第一ステージに定められた基準の一つである飛行テストは，2000回以上行われた。当時，スホーイは次のように報道機関に発表している。「本機の特徴である亜音速域での安定性と操縦性，低高度と高高度での超音速性能，超臨界迎え角での安定性と制御性の特性は，いずれも確認された」。

ロシアの国家評価の第一ステージにおけるテストは，航空機としての飛行能力を評価するものである。第二ステージは，軍用機としてのミッション・システム，兵器等，それぞれの機能に対し評価するもので，スホーイの計画では2019年までに終了するとされていた。特に，T-50はテストプログラムの最中に設計変更が必要だった。5番機055号機が初飛行し，次の改修型の6番機056号機が初飛行（055号機は2013年10月27日，056号機は2016年4月27日）するまで2年半という期間を要したが，これはこの間に大幅な設計変更があったからだ。この設計変更によって2016年から製造されたすべての機体はそれ以前のものと大きく異なっており，機体構造は強化され，機体表面の一部には複合素材が使用された。電子機材が格納されている機体後部の拡張，同じく機体後部の下部のドア，ハッチおよび翼端の形状変更などが施された設計の変更は初期のテストに起因するものだった。T-50プロトタイプには最初のテスト中に起きた構造的な亀裂や，各種エンジントラブル，エンジン1基の停止による緊急着陸などさまざまな問題が生じていた。2014年6月10日，T-50-5でエンジン火災が起きたが，修理後，機体はT-50-5Rに再設計された。

センサー融合

Su-57のすべてのシステムとセンサーは，中央コンピュータ・システムでコントロールされる。システム統合の責任はOKBが担うこととなっている。火器管制と航法システムの統合作業は，従来PRKBが担当し，これを行っていたが，今後これをスホーイ社が担うということになった。この枠組みは，ロシアの戦闘機開発にとっては新たな試みと言えるものである。

ジューコフスキーにあるNIIPの後継の，ティホミロフNIIPが開発した，卵型のM036前方監視Xバンド・レーダー・アンテナで，長さは900mm，幅は700mmである。（©NIIP）

©スホーイ

ジューコフスキーNIIPで開発されたSh121は，N036ベルカ（リス）アクティブ電子走査アレイ・レーダーとL402対電子対策システムで構成されていた。

三つのXバンド（波長30mm）帯と二つのLバンド（波長デカメートル）帯を使用する電子走査アレイを統合したN036レーダーは，機軸を中心として両サイド＋／－135度，計270度の覆域をもつ。

空対空モードでLバンド帯を使用するレーダーは，ステルス機に対応する際のT-50の主要な手段であり，Xバンド帯より長い波長の電波で目標を探知（目標の指定ではない）し，レーダー反射断面積の縮小した目標の探知に特化したものである。

NIIPの所長ユーリ・ベリは，最後の2機のT-50試作機（T-50-10とT-50-11）は，リャザンにある国営リャザン計器工場（GRPZ）での生産ラインで製作されたレーダーを搭載していると発言した。それ以前の8機はすべて，ジューコフスキーのNIIPの実験的なワークショップで製作されたレーダーである。

カルーガ通信技術研究所で開発され，スタブロポリの通信会社で製作されたL402ギマライ（ヒマラヤ）対電子妨害装置は自前のアレイを使用するが，同じ周波数帯であればN036のアンテナアレイを使用する。エカテリンブルクにあるウラル光学機械工場（UOMZ）で製作された101KSアトール電子光学装置は，機体周囲を光学上の可視範囲で監視するとともに敵のミサイル攻撃から自己防衛する。

アトールは，次の機材で構成されている。

前方監視101KS-V赤外線捜索・追随サイト：1台

機体の周囲をカバーする101KS-U紫外線ミサイル接近警戒センサー：4台

101KS-O指向性赤外線センサー。UOMZによれば同機材は対赤外線機能も有するとしている：2台

着陸あるいは低高度飛行を支援する101KS-P小型赤外線イメージセンサー：1台

それ以外に101KS-N航法目標ポッドが開発中で，現在Su-57のパイロットは，新型のエレクトロアヴォマティカNSTsI-50ヘルメット・マウント・サイトと表示装置を使用している。

兵器

Su-57の武器は，前後に配置され

アトール101KS-O電子光学サイト。（©ピョートル・ブトウスキ）

開かれた会議の席で，国防大臣セルゲイ・ショイグは次のように発言した。「開発中の兵器の能力の戦闘状況下での評価の一環として，今年2月，予定された空域でSu-57戦闘機から戦術巡航ミサイルの発射テストを行った」。そして，Su-57の胴体後方のウェポンベイから大型ミサイル（長さは4m/13フィート）を発射している低画質の映像が公開された。ミサイルは，機体から離れて数秒間自由落下した後，翼が拡張し，モーターが起動して推進する様子が映し出されていた。ミサイルは，ラドゥガKh-59MK2のように見えたが，ショイグはミサイルのタイプについては言及しなかった。

輸出市場向けのKh-59MK2（ロシアの名称は不明）ミサイルは，MBDA社のストーム・シャドウ巡航ミサイルのように，位置が確認できる防護措置

胴体下部表面を占めている，二つのウェポンベイに収められており，標準となる装備は，K-77M中距離ミサイル/イズデリエ810長距離空対空ミサイル各4発，Kh-58UShK対レーダーミサイル，Kh-38M/KAB-250電子光学誘導空対地兵器である。さらに，両翼の長方形のベイにK-74M2短距離空対空ミサイルを装備できる。

Su-57にはステルス・モードでの運用が必要とされない任務に対し，さらなる兵器が必要となれば，機外のパイロンに兵器の追加搭載が可能だ。Su-57の兵器テストの進捗状況は，一部しか明らかになっていない。

Su-57が機外にR-73/R-77空対空ミサイルとKh-31空対地ミサイルを携行している写真は数多くある。ステルス戦闘機として非常に重要なウェポンベイは一度見られただけである。

2018年5月25日にロシア国防省で

アトール101KS-V IRSTシーカー。（©ピョートル・ブトウスキ）

このT-50-5の側方写真で，空気取り入れ口の角度と前縁スラットと胴体前縁の様子がわかる。（©スホーイ）

が施された目標に対して使用するタイプだ。

巡航フェーズの航法は，戦略巡航ミサイルのために開発された誘導システムをもとにしているが，GPS／GLONASSによる補正機能を備えた慣性誘導装置を使用している。最終フェーズでは電子光学デジタル情景マッチング地域相関システムで誘導する。四角い箱型で構成されたKh-59MK2の長さは4.2m（13フィート8インチ），縦幅と横幅は400mm（16インチ）であり，それぞれのウェポンベイに並列で2発装備する。2.45m（8フィート）に拡張できる翼は，ミサイルの弾頭部に取り付けられ，輸出型の射程は290km（157海里）と明らかにされているが，ロシア空軍用ミサイルの射程はおそらくさらに延伸されているだろう。Kh-59MK2ミサイルは，亜音速で飛行し，サターン・イズデリエ37-04モーターで推進する。

ブロック2

T-50の再設計は，テスト期間中に見つかった問題に起因している。しかし，戦術航空機先進航空複合体PAK FAははじめから，二つのステージでのプログラムとして計画されていた。第二ステージの一部として製作された機体は，2023年に生産に移行する計画だ。仮定としながらも，改修機はSu-57M（Mは近代化の意味）と呼称されることだろう。このプログラムは，当然のことながら第二ステージを含め，セン

サーと兵器共に多くの改良が必要になることが見込まれている。そのなかで，早い段階から公にされてきたのは新型エンジンの導入だ。具体的には，ウファ・エンジン産業のイズデリエ30エンジンに改めるというものだ。

最初のSu-57 2機の生産についての契約を調印した際，国防大臣代理アレクセイ・クリボルチコは，「国防省としては，この2機のSu-57に2023年までに新たなウファ・エンジン産業のイズデリエ30エンジンを搭載した第二ステージの機体を望んでいる」と述べた。

Su-57のエンジンは，Su-27フランカー・ファミリーの戦闘機に使用されていたAL-31Fエンジンを改良した，科学生産協会のサターンAL-41F-1（イズデリエ117）だった。また，イズデリエ30エンジンは，推力向上，軽量，エンジン部品の減少，そして運用コストの低減を狙った新設計のエンジンだ。

ウファ・エンジン産業は，新型のイズデリエ30エンジンは17～18%も性能が向上したと主張している。もしこの性能向上が，そのまま推力向上を意味するのであれば推力はAl-41F-1の32,000～37,500ポンド（142.3～166.8キロニュートン）に増大する。

イズデリエ30エンジンのコールドセクションは3段コンプレッサー（同等のAL-41F-1エンジンは4段）と1段タービンで行う。ホットセク

T-50テスト機一覧

機種	機体番号	初飛行、その他
T-50-0		静的な地上試験機
T-50-KNS		システム統合テストに使用される,静的な地上試験機
T-50-1	051	初飛行,2010年1月29日
T-50-2LL	052	初飛行,2011年3月 初の超音速飛行,2011年3月24日 イズデリエ30エンジンを左側に搭載した飛行テストベッドの適合テストの初飛行、2017年12月
T-50-3	053	初飛行,2011年11月22日 初のAESAレーダー適合テスト, 2012年8月8日 初の塗装スキームを採用したS-70 オホートニクUCAV の共同飛行テスト,オホートニク・ミラーに変更,2018年
T-50-4	054	全アビオニクス貼合テスト,2012 年12月12日
T-50-5/T-50-5R	055	初飛行,2013年10月27日 重大な火災で被害,2014年6月 再構築したT-50-5Rでの初飛行,2015年10月15日
T-50-6		T-50-5再生のための予備部品テスト
T-50-6-2	056	2016年4月27日 機体改修機の初の第2ステージテスト 胴体パネルの一部を複合材に入れ替え。 後部胴体を延長して下部のハッチ,エア・ブレード・ドアを交換
T-50-7		改修機の地上試験、第2ステージテスト
T-50-8	058	2016年11月17日 改修機の飛行テスト,第2ステージテスト
T-50-9	509	2017年4月24日 改修機の飛行テスト,第2/第3ステージテスト アビオニクスの最終形態テスト
T-50-10	510	2017年12月23日 最後の試作機であり,生産標準装備を搭載している。
T-50-11	511	2017年8月6日 最後の試作機であり,生産標準装置を搭載している。
備考	●E20T-50-1は,2011年のMAKS国際航空ショーの展示飛行で構造的な被害を受けたため,2011年8月から2012年9月の間にオーバーホールを行い,その間は飛行計画は中止された。今,機体は機体強化用テストに使用されている。 ●T-50-2は,2011年のMAKS国際航空ショーの展示飛行で,離陸中に右エンジンがコンプレッサー・ストールに排気ノズルから長さ数メートルの炎が上がったため排気口を閉じ,パイロットは離陸をあきらめている。 ●T-50-5は,2014年6月10日に行われた,インド代表団のための展示飛行において,着陸後に滑走路上で火災が発生した。その結果,KnAAZで16カ月のオーバーホールを受けた。機体はT-50-5Rとなり,2015年10月16日に修理後の飛行テストを行った。 ●T-50試作機は,2014年2月からアフトゥビンスクの第929国家飛行試験センターで,軍人のパイロットによる飛行テストを続けた。主要なテストは,戦闘機の兵器テストであった。 ●初期の試作機(機体番号051から055)の形態は,すべて、モスクワ近くのジューコフスキーで不完全なミッション・システムが搭載されていた。 ●T-50-10とT-50-11を除くほとんどの試作機は,モックアップ・センサー,または機能的なセンサーの一部を搭載していた。	

このT-50-4の側面画像を見れば，Su-57がいかにスマートな機体であるかがわかる。胴体の全体的な高さは、機首から尾部までの全長にわたってほぼ同じだ。(©スホーイ)

Su-57の最終的なセンサーの構成

* N036前方監視Xバンド・レーダー・アンテナ。長さ900mm（35インチ），幅700mm（28インチ）。配列シートは1,552個の発信/受信モジュールで反射器はおよそ15度上向きに傾けている。
* N036B側方監視Xバンド・アレイ。358個の発信/受信モジュールで構成され，横の配列はサーチ角の拡大，そして機体軸から方位角＋/－135度の目標捜索と追随に使用される。
* N036L Lバンド・アレイ。主翼前縁に搭載され，敵味方識別装置と空中目標の捜索に使用する。
* 101KS-V（空中）IRST。コクピットのパイロットの前に配置されている。
* 101KS-V（Uは赤外線の意味）。側方監視紫外線ミサイル接近警戒システムであり，2台が胴体側面のコクピットのすぐ後ろに装備されている。
* 101KS-U/02ミサイル接近警戒システム。二つの窓がある箱形をしており，それぞれの窓が前方と後方を監視する。システムは機体前方の下部と機体上部の2カ所にそれぞれ設置されている。
* 101KS-Oセンサー。1台は後背部，1台は機首下に設置している。目的は明らかにされていない。
* 101KS-P（Pは着陸の意味）。低高度飛行と着陸用の補助として使用する小型画像赤外線センサーであり，カヌー形の後翼ミサイル庫の前の区画にある。
* 101KS-N（Nは地上の意味）航法目標ポッド。このクラスのシステムには安定装置の取り付けが標準となっている。構成品はテレビ，3～5μmの熱源画像カメラ（走査ミラーを含む標準的な光学と自動追尾器材），レーザー測距/目標指示装置，レーザー追尾装置。
* L402対電子対策システムは，エンジン排気口の間の大きな突起物に内蔵しており，N036レーダー・アレイに対応する。

ション（エンジンコア）は，5段コンプレッサーと1段ステージのタービンで行う。空虚重量は，AL-41F-1の1,600kg（3,527ポンド）に対し，1,450kg（3,197ポンド）と推定される。空気取り入れ口の誘導弁をグラス・ファイバー・プラスチック製にしたおかげで，前方からのレーダー反射断面積は低減している。

イズデリエ30試験用エンジンは，2016年12月11日に地上のテスト・ベッドで機能を確認した。2017年

スホーイのS-70オホートニクの機体の設計形状は，かつて西側で製作された検証機のうち，特にBAEシステムズのテラニスとノースロップ・グラマンのX-47Bに似ている。（©ロシア国防省）

Su-57 予想性能諸元

全幅	14.1m（46フィート 3インチ）（最初の試作機 14.0m、45フィート11インチ）
全長	20.1m（66フィート）（最初の試作機19.7m,64フィート7インチ）
全高	4.6m（15フィート1インチ）
空虚重量	18,000kg（39,683ポンド）
標準離陸重量	25,000kg（55,116ポンド）
最大離陸重量	35,000kg（77,162ポンド）
最大速度	マッハ2.0
超音速巡航速度	マッハ1.3
超音速航続距離	1,500km（810海里）
最大航続距離	3,500km（1,890海里）

12月5日には，左側にイズデリエ30エンジンを搭載したT-50-2LL（飛行テスト・ベッド機）でテスト飛行を行った。初飛行の後国防副大臣のユーリ・ボリソフは，新しいエンジンを搭載することでSu-57の性能特性が大幅に向上すると語った。

UAC会長のユーリ・スリュサーは，ちょうどSu-27が世界中の要望に応じることによって，現代戦闘機ファミリーの基礎となったように，Su-57も次世代の戦闘機ファミリーの基礎になるだろうと発言した。

将来的には，Su-57とその派生型の機体は，Su-33艦載機，Su-34戦術爆

撃機，MiG-31迎撃機に取って代わる戦闘機となることが期待されている。

開発計画の進展

Su-57開発計画には，いくつかのターニングポイントがあった。当初，Su-57の発表は大々的に行われた。2010年2月，T-50の初飛行からあまり時間が経っていないころ，当時のロシア首相ウラジミール・プーチンは，次のように述べている。「最初の戦闘機は，2013年にリペツクにある第4国家航空要員訓練軍事試験センターに送られ，そして2015年までに量産が開始される」。ロシアの「国

インドでの年代記

輸出型Su-57は，UACの計画に常に含まれていた。MAKS国際航空ショー2019で，輸出型Su-57Eが最初に公開された。2019年8月，UAC会長のユーリ・スリュサーは，どのような価格になるかを示さなかったものの，Su-57はアメリカのF-35よりも「かなり安くなる」と述べている。

かつて，ロシアとインドは，将来多用途戦闘機Perspective Multi-role Fighter (PMF)として輸出を視野に入れた第五世代戦闘機の開発を協同して取り組んだ実績をもつ。

スホーイとインドのヒンドスタン航空が共同で開発してきた，将来多用途戦闘機またはタイプ79Lの初期の設計は2013年6月に承認されたものの，引き続いて進められて然るべき，プロトタイプの生産・評価の契約には至らずインドは計画から撤退した。

スホーイがピクセルカラー迷彩を使用したことは，よく考えられた末の決定だ。機体の胴体中央部を暗色，周辺部を明灰色としたことは，視覚による発見を妨ぐことを試みたものである。（©スホーイ）

シリアへのSu-57の展開

国防大臣セルゲイ・ショイグは，シリアにおけるロシアの航空作戦の文脈のなかでミサイル発射について発言したものの，詳細について述べることは控えているため，どのような戦闘状況下でミサイルが使用されたのかということについての言及はなく，低画質の映像を使用しての説明と，映し出されたミサイルが実験段階に供されているものであったため，発言自体の信憑性に疑義を生じさせるものだった。

ロシア国防省は2018年12月に，同年2月に数日間にわたって，2機のSu-57がシリアに展開していた事実を公表した。ビデオには，フメイミム空軍基地から離着陸する機体の不明瞭な画像が映っていた。両機の戦術番号は，描かれていなかったが，迷彩塗装で表示された機番は509と511（T-50-9とT-50-11）だった。ビデオでは，「この航空機の技術の特徴は，兵器を含めた搭載機器システムすべてのデータ管理と表示を一括して行うもので，高温，複合地形など機器の作動に影響を及ぼすさまざまな要素を確認することが可能である」と解説している。Su-57の搭乗員は，シリアで10回以上の作戦を遂行した。Su-57，2機はコーナーリフレクターを持たずに飛行した。コーナーリフレクターとは航空機が飛行するに際し，上空を監視するさまざまなシステムに対しても，その機位を明らかにする器材である。

T-50-4と編隊飛行するスホーイS-70オホートニク無人試作機。（©ロシア国防省）

家武器計画2020」では，2020年までにSu-57を60機生産することを明記していた。Su-57は初めから計画に沿っていなかったと言っても過言ではない。これはまず最初に技術的問題が生じ，続いて予算問題が立ちはだかっていたからだ。

2015年にロシア経済が不況になると，国防副大臣ユーリ・ボリソフが次のように新たな構想を明らかにした。「より低価格のSu-30SM戦闘機とSu-35戦闘機を取得するため，Su-57の取得を抑える」。ボリソフの構想は，「Su-57は，将来の量産に備え，その取得を一時的に控え，生産の拡大は将来に検討する」ということで，生産拡大の時期は，Su-30とSu-35が西側諸国の機体と比べて劣

狩人という名のウイングマン

Su-57と結びついた機体にS-70オホートニク（狩人）無人戦闘機がある。オホートニクは，ウイングマンとしてSu-57と連携して作戦する機体として開発されたものだ。一部にしか知られていない公式文書によれば，S-70オホートニクは「第六世代の無人機」と紹介されている。未確認の情報によれば，S-70オホートニク無人試作機は，NAZで製作され，2019年8月3日にアフトゥビンスクで初飛行した。

S-70オホートニクは，全翼型の大型ドローンであり，Su-57の部品を使用して製作された。AI-41F-1と類似した単発のエンジンを搭載している。S-70オホートニクは，2カ所のウェポンベイで兵器を搭載するが，それは，Su-57と同じサイズのため，Su-57のために開発中しているすべての兵器が搭載可能になると予測されている。S-70オホートニクのテスト計画は，Su-57試作機の3番機T-50-3を活用して行われている。T-50-3は，S-70オホートニクで開発された自律航法システム，自動離着陸装置の評価を行っている。T-50-3は，新型アンテナが装備されているが，それはS-70オホートニク　のアンテナとよく似ている。さらに言えばT-50-3の機体塗装は，S-70オホートニクのシルエットによく似たものとなっている。

勢になったときとした。

そして，2019年に急激な方向転換があった。ソチで開かれた軍産業合同会議の席上，ウラジミール・プーチンは2027年末までにSu-57戦闘機を76機調達することを明らかにした。プーチンは，こう語っている。「我々は，2028年までに3個の飛行連隊の機体をSu-57先進システムに換装しなければならない」。

スホーイに対する正式な発注は，その年の6月27日にモスクワ郊外のクビンカ空軍基地で行われた「陸軍軍事パレード2019」の席上で，ロシア国防大臣の陪席のもとで提示された。その1年前，ロシア国防大臣は，Su-57を2機発注しており，その初号機は，2019年末に空軍に配備された。

Su-57の生産を拡大させる発注は，プロトタイプとしての位置づけだけでは成し遂げられなかった，計画の進展と機体の完成に向け，プログラムを推し進めたことは間違いない。

ロシア空軍の飛行連隊は，通常，12機を装備した3個の飛行隊，合計36機で編成されている。しかし，Su-57の飛行連隊は，12機を装備した飛行隊2個で編成されるため，3個の飛行連隊に装備するには合計で72機が必要となる。残りの4機は，たぶんリペツクにある第4国家航空要員訓練軍事試験センターに送られることになるだろう。

ウラジミール・プーチンはソチの会議において，「国家武器計画2020では，2018年から2027年の9年間でSu-57をたったの16機しか調達しない」と述べた。しかし，交渉後，プーチンは「航空機生産会社には航空機価格を約20％低減させることが必要だ」と述べた。

少々奇異に聞こえるが，この発言の意味するところは，当初計画していた予算，すなわち16機のSu-57とこれを上回るSu-35の取得のための予算を振り替えることで，20％減額されたSu-57を76機，取得するということだろう。

ロシアの新聞『コメルサント』に興味を引く記事があったが，それは軍事産業からの引用で，「機体内部の再配置と技術的統合による近代化」で，Su-57の価格を低くできると述べたものだ。この文脈でいう統合とは何を意味するのだろうか？　たぶん，Su-35Sに使用されているシステムを搭載することでランクを下げることだと推測する。『コメルサント』では，またSu-57 76機の合計価格を1億6,000万～1億7,000万ルーブル，1機あたりの価格を210万ルーブルから223万ルーブルと報道している。つまり，これは機体の価値に対する価格が著しく低下したものとなっていることを物語っている。

Su-57の水平と垂直の補助翼は標準的な配置ではないため，機体は興味深い形状をしている。（©スホーイ）

▌監修者・訳者

源田 孝／げんだ・たかし

元防衛大学校教授。元空将補。専門は軍事史。防衛大学校航空工学科卒業。早稲田大学大学院公共経営研究科修了（公共経営学修士）。軍事史学会監事，戦略研究学会理事。訳書に『戦略の形成-支配者，国家，戦争』（共訳，中央公論新社）ほか，著書，訳書多数。

ロシア戦闘機
SUKHOI
RUSSIA'S AVIATION POWERHOUSE

2021年9月15日発行

監修者・訳者	源田 孝
翻訳・編集協力	株式会社 ぷれす
編集	道地 恵介，鈴木夕未
表紙デザイン	岩本 陽一，田久保純子
発行者	高森 康雄
発行所	株式会社 ニュートンプレス
	〒112-0012 東京都文京区大塚 3-11-6
	http://www.newtonpress.co.jp

ISBN 978-4-315-52442-0

ニュートン ミリタリーシリーズ

ロシア戦闘機

SUKHOI

RUSSIA'S AVIATION POWERHOUSE

源田 孝＝監修・訳

NEWTON PRESS

ロシア戦闘機 SUKHOI

RUSSIA'S AVIATION POWERHOUSE

©アレクサンドル・ムラデノフ

©アレクサンドル・ムラデノフ

©ユナイテッド・エアクラフト（UAC）